三峡库区
可持续发展年度研究
专题报告 2022

主　编　张　伟
副主编　王志清

中央民族大学出版社
China Minzu University Press

图书在版编目（CIP）数据

三峡库区可持续发展年度研究专题报告 .2022/ 张伟主编；王志清副主编 . —北京：中央民族大学出版社，2024.1

ISBN 978-7-5660-2323-0

Ⅰ.①三… Ⅱ.①张… ②王… Ⅲ.①三峡水利工程—可持续性发展—研究报告 Ⅳ.① F127.719

中国国家版本馆 CIP 数据核字（2024）第 020169 号

三峡库区可持续发展年度研究专题报告（2022）

SANXIA KUQU KECHIXUFAZHAN NIANDU YANJIU ZHUANTI BAOGAO（2022）

主　　编	张　伟
副 主 编	王志清
责任编辑	于秋颖　高明富
封面设计	舒刚卫
出版发行	中央民族大学出版社
	北京市海淀区中关村南大街 27 号　邮编：100081
	电话：（010）68472815（发行部）　传真：（010）68933757（发行部）
	（010）68932218（总编室）　　　（010）68932447（办公室）
经 销 者	全国各地新华书店
印 刷 厂	北京鑫宇图源印刷科技有限公司
开　　本	787×1092　1/16　印张：14.5
字　　数	208 千字
版　　次	2024 年 1 月第 1 版　2024 年 1 月第 1 次印刷
书　　号	ISBN 978-7-5660-2323-0
定　　价	51.00 元

版权所有　翻印必究

目 录

社会文化研究

网红旅游目的地形象对游客满意度的影响研究 ………… 周学军 王雪诺 2

语言景观建设与城市形象提升策略的民族志研究
——以万州城市形象宣传语和创文口号为研究对象 …… 陈 曲 王志清 16

重庆市民族区域乡村聚落时空演变、预测及保护对策研究
………………… 白丽芳 郭 莉 王超越 刘艺璇 杨玉筝 郭先华 34

含思宛转 情满三峡
——论刘禹锡三峡竹枝词 ……………………………………… 胡 勇 53

重庆市民营企业家营商法治环境评价研究 ………………………… 舟东溪 72

万州烤鱼溯源与产业发展研究 ……………………………… 龚阅晨 李 虎 93

附录1：教学改革

"互联网+"视域下中学语文写作教学的困境与对策 ……………… 陈 涵 108

重拾"联系"，教学质量扬远帆 ……………………………………… 黎万春 120

"阅读+"园本课程背景下幼小衔接实践探索 ……………………… 杨 玲 126

巫溪县学前教育存在的问题及对策研究 …… 革小娟 谭 伟 刘鑫淼 134

解构主义视域下模板作文的批判与承继研究 …………… 赵岩岩 150
部编本高中语文教材婚恋题材作品篇目整理分析与教学探索 … 熊　旭 163
基于交际语境的真实写作教学实践研究 ………………… 龚珊珊 173

附录２：课程思政

中国现当代文学课程思政改革研究
　　——以重庆三峡学院为例 …………………………… 张　露 188
文章翻译学视域下的课程思政
　　——以"壮美长江三峡，世界山水画廊——渝东北旅游线路推介"为例
　　……………………………………………………………… 王　浩 196
德育教育在高中现代诗歌教学的实践探讨 ……………… 张　辰 208
《弟子规》在印度尼西亚幼儿教育中的传播研究
　　——以印尼八华学校幼儿园为例 …………………… 汤　静 218

三峡库区可持续发展
年度研究专题报告
>>>（2022）

社会文化研究

| 三峡库区可持续发展年度研究专题报告（2022）

网红旅游目的地形象对游客满意度的影响研究

周学军　王雪诺

摘　要： 为了使旅游目的地的吸引力得到提升，使旅游目的地城市的旅游业与经济得到发展，本文以重庆网红旅游景区为研究对象，构建了旅游目的地形象对游客满意度影响的模型，通过感知价值的中介作用，揭示了认知形象、情感形象对游客满意度的影响机制。研究发现：（1）认知形象和情感形象对游客的满意度有积极影响；（2）感知价值在认知形象、情感形象对游客满意度的影响中起到了中介作用；（3）情感形象对感知价值、满意度的影响大于认知形象。网红旅游景区应深入挖掘旅游目的地形象、提供个性化服务、整合旅游资源、提升产品的服务与质量，增强景区的吸引力，促进当地的旅游经济的增长，助推旅游业高质量发展。

关键词： 认知形象；情感形象；感知价值；游客满意度

移动互联网的快速发展大幅度提升了信息传递的速度，为旅游目的地形象的传播与宣传提供了技术基础。人们前往某地旅游往往是因为该旅游

作者简介： 周学军（1984 —），男，山西盂县人，副教授，硕士生导师，博士，主要研究旅游市场与组织行为；王雪诺（2000 —），女，浙江台州人，主要研究方向为旅游市场。

目的地形象较好，能够满足自己的需求。网红旅游景区借助互联网的蓬勃发展而迅速走红，旅游者主要依靠网络媒介提前了解网红旅游目的地的相关信息，但由于网络信息存在夸大宣传或者片面宣传，导致游客在出游前后的感知会存在一定落差。网红旅游目的地在自媒体营销传播助力下，游客在短时间内大量涌入，景区的设施以及接待能力跟不上会导致游客的旅游体验下降。而且部分网红景区存在盲目跟风的现象，通过打造能够吸引流量的热门IP，将游客吸引过来之后，却无法提供相应的服务，导致游客旅游体验质量较低，游客满意度大打折扣。因此，研究网红旅游目的地形象对游客满意度的影响具有重要意义。

旅游目的地形象被提出以来一直是旅游学术界的研究热点，一般被定义为游客在了解和体验旅游目的地之后产生的总印象，可以分为认知形象与情感形象两个维度。研究表明，旅游目的地形象感知对游客的满意度有正向的影响，前期研究大部分基于整体形象视角，后期研究涉及认知形象和情感形象两个维度视角，且大多研究表明认知形象对感知价值以及满意度的影响大于情感形象。纵观现有研究，将网红旅游目的地形象作为研究对象的文献较少，上述结论是否适用于新兴网红旅游目的地有待验证。

本文以网红旅游目的地形象为研究对象，从认知形象和情感形象两个维度分别验证旅游目的地对感知价值和满意度的影响。近年来，对网红旅游目的地的研究呈增长趋势，但大部分是基于网络文本进行研究分析，有些网络文本是从评论中获取的，不排除有部分企业为了吸引游客存在故意刷好评的现象。因此本文在网红旅游景区实地调研并收集问卷，从旅游消费者的角度出发，实证分析旅游目的地形象对游客满意度的作用机制。

一、理论分析和研究假设

（一）理论基础

目的地形象。国内外学者对旅游目的地形象的解释与概念界定尚未达成一致。Hunt于20世纪70年代首次提出了目的地形象，认为旅游目的地形象是个体对除自己居住地以外其他地方的认知。李想等认为目的地形象是旅游者在了解以及体验目的地之后所产生的印象之和。环境心理学在"认知-情感"理论中认为，人们对环境、地方的认识既包含认知，又囊括情感，情感是认知反映的功能性延伸。因此，形象又可以分为认知形象和情感形象两个维度。其中，旅游者对目的地的人文吸引物、环境风景等自然与社会属性的信念与认知的总和称为认知形象；情感形象是旅游者对于目的地各类特征和属性所表现出的心理感知和情感表达。

感知价值。感知价值源于营销学领域的顾客价值，Zeithaml认为感知价值是一种总体评价，是顾客将感知到的利益与支付的成本进行衡量后得出的。在旅游研究领域，李文兵等认为，游客感知价值是旅游者从满足其旅游需要的角度出发，将感知利得和利失作为基础的总体评价。

游客满意度。国外学者Pizam最早提出这一概念，认为游客满意度是将实际体验与对目的地的期望两者相比较之后得出的结果，若前者等于或大于后者，游客就会感到满意；有国内学者指出，游客满意是由游客期望与实际体验之间的函数关系确定的，是他们需求得到满足后的一种心理上的正向感受。

网红景区。网红景区是指因为某些热点事件和现象得到大量网友关注，从而在短时间内走红的旅游景区。随着诸多短视频平台的迅速发展，部分景区也借此迅速爆红一跃成为网红旅游景区，如重庆的洪崖洞就是典型的网红景区。

（二）研究假设

旅游目的地形象对游客满意度的影响。大量研究证实了目的地形象对游客满意度的积极影响，且旅游目的地的认知形象和情感形象两个维度被证实对满意度有积极影响。据此，提出以下假设：

H1：认知形象对游客满意度有正向影响

H2：情感形象对游客满意度有正向影响

旅游目的地形象对游客感知价值的影响。Chen 与 Tsai 在研究中表明旅游地形象和感知价值存在关联性。因为旅游的异地性和旅游产品的无形性，使旅游者无法提前全面感知旅游产品，游客通过网络媒介会对旅游目的地形成一定认知，实地旅游体验后，旅游者会逐渐完善认知形象并形成情感形象。王斌研究发现景区的形象能够推动感知价值的形成。基于此，提出如下假设：

H3：认识形象对感知价值有正向影响

H4：情感形象对感知价值有正向影响

游客感知价值对游客满意度的影响。相关研究表明，感知绩效与游客满意度存在直接的关系，并且在影响游客满意度的因素中，感知价值起着重要作用。在旅游过程中，游客观赏到的旅游景观、接触到的设施以及服务都会在心中留下印象，且游客会将感知到的利得与利失进行比较，进而形成对旅游目的地的整体感知。根据价值满意因果链理论，感知价值是顾客满意的重要前因。因此，可以认为当利得大于利失时，旅游者感知到的旅行是有价值的，满意度也就随之提升。Patterson 和 Spreng 的研究表明，顾客感知价值对满意度有积极影响。故本文假设：

H5：游客感知价值对游客满意度有正向影响

游客感知价值的中介作用。已有学者证实，目的地形象对感知价值，感知价值对满意度均有正向影响。Kwun 等学者在各自的研究中均发现感知价值中介作用显著。感知价值被证实在目的地形象和满意度之间发挥中介作用，游客积极感知价值的形成有赖于良好的旅游目的地形象，并促使满意度得到提升。但在认知与情感形象对满意度的影响中，所发挥的中介作用是否相同，值得探讨。基于上述分析，假设如下：

H6：游客感知价值在旅游目的地形象对游客满意度的影响中起中介作用，感知价值会增强认知形象对旅游满意的影响

H7：游客感知价值在旅游目的地形象对游客满意度的影响中起中介作用，感知价值会增强情感形象对旅游满意的影响

基于上述分析，本研究提出如下理论模型图：

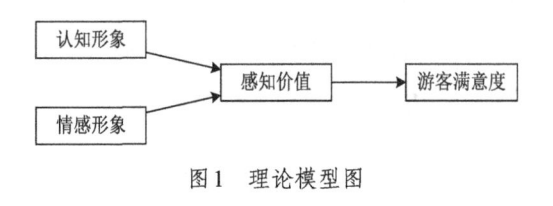

图1 理论模型图

二、研究设计

（一）变量的测量

本研究利用问卷调查法收集研究数据，问卷量表的设计借鉴了国内外广泛应用成熟的量表。问卷由两个部分组成，第一部分采用Likert7级量表，旅游者基于旅游体验对认知情况、认知程度、感知价值情况以及满意度进行主观评价。第二部分统计了旅游者的基本信息，包括性别、年龄、学历、月收入和来重庆旅游次数等信息。

（二）问卷设计与调研

本研究采用实地调查的方式，在重庆的网红景区（洪崖洞、磁器口、解放碑等）进行问卷调研，本次共发放450份问卷，剔除无效问卷后剩余有效问卷393份，问卷有效率为87.3%。对游客特征进行统计分析，结果如表1所示。被调研对象中，男女比例相当，均接近50%；收入方面，月

收入3500—5000元的中等收入群体占比最大，为38.6%；旅游次数方面，来重庆旅游3次及以上的游客占多数，为47.3%，这一结果说明游客的重游率相对较高；在年龄构成上，60岁以上游客占比最少，为12%，26—35岁占比最多，为24.7%；在教育程度上，大专和本科以上学历共占比54.9%，受访者的受教育程度相对较高。

表1 样本分布特征

特征	类别	数量	占比（%）	特征	类别	数量	占比（%）
性别	男	196	49.9	年龄	16—25岁	87	22.1
	女	197	50.1		26—35岁	97	24.7
月收入	3500元以下	104	26.5		36—45岁	84	21.4
	3500—5000元	150	38.2		46—60岁	78	19.8
	5001—10000元	106	27		60岁以上	47	12
	10000元以上	33	8.4	教育程度	高中以下	80	20.4
旅游次数	0次	5	1.3		高中/中专	75	19.1
	1次	109	27.7		大专	76	20.6
	2次	94	23.9		本科	137	34.9
	3次及以上	185	47.1		硕士及以上	20	5.1

（三）信效度检验

信效度检验。本研究运用统计软件SPSS 22.0和AMOS 22.0对数据进行处理，采用验证性因子分析检验数据的信度和效度。

（1）信度检验。本研究采用Cronbach's α系数检验数据信度，结果（如表2所示）显示认知形象、情感形象、感知价值以及游客满意度的Cronbach's α系数分别为0.859、0.847、0.854、0.855，均达到0.8以上，表明内部一致性和可靠性较好，数据具有较高的可信度。

（2）效度检验。本研究采用验证性因子分析法检验各变量的效度。研究发现，各题项因子载荷均在0.6以上，表明4个变量均可被各测量指标有效反映，收敛度良好；组合信度CR均大于0.8，平均变异提取值AVE均在可接受范围之内，说明获得的问卷数据可靠性较高，信度收敛度良好，可以使用此数据进行研究。

表2 信度与效度分析

变量	题项	因子载荷	CR	AVE	Cronbach's α
认知形象	1.我知道这里的文化和历史景点	0.782	0.859	0.506	0.858
	2.我知道这里的多元文化	0.793			
	3.我知道这里的食宿接待的种类与质量	0.702			
	4.我知道这里服务的大概情况	0.682			
	5.我知道这里的交通可达性	0.636			
	6.我知道这里特殊的民风民俗	0.660			
情感形象	1.在这里旅游让我感到精神抖擞	0.751	0.847	0.580	0.844
	2.在这里我感到开心	0.804			
	3.这里让我感到兴奋	0.789			
	4.这里让人很放松	0.699			
感知价值	1.在这里我欣赏到了美丽的风景	0.818	0.854	0.662	0.853
	2.在这里我感受到了大自然的气息	0.830			
	3.这里让我对大自然有了更多的了解	0.792			
游客满意度	1.我很享受我在旅游目的地停留的时光	0.731	0.855	0.596	0.853
	2.我选择的旅游目的地是正确的	0.822			
	3.它正是我需要的旅游目的地	0.767			
	4.我对在这个地方的旅游感到满意	0.765			

（四）假设检验

直接效应检验。本研究利用SPSS 22.0软件，采用线性回归分析法对直接效应进行假设检验，结果如表3所示。将满意度作为因变量，构建模型M2、M3、M4，得出认知形象、情感形象对满意度均有显著的正向影响（β=0.0479，$P<0.001$；β=0.543，$P<0.001$），H1、H2得到验证；感知价值对满意度具有显著影响（β=0.328，$P<0.001$），H5得到验证。将感知价值作为因变量，构建模型M6、M7，得出认知形象、情感形象对感知价值有显著的正向影响（β=0.414，$P<0.001$；β=0.498，$P<0.001$），H3、H4得到验证。

表3 直接效应检验

变量	满意度				感知价值		
	M1	M2	M3	M4	M5	M6	M7
1.性别	0.144	0.139	0.144	0.131	0.038	0.034	0.038
2.年龄	0.018	−0.011	−0.027	−0.028	0.141	0.115	0.099
3.教育程度	0.110	0.074	0.068	0.073	0.112	0.081	0.074
4.月收入	−0.061	−0.056	−0.053	−0.023	−0.115	−0.111	−0.108
5.旅游次数	0.096	0.034	0.095	0.083	0.040	−0.013	0.039
6.认知形象		0.479***				0.414***	
7.情感形象			0.543***				0.498***
8.感知价值				0.328***			
R^2	0.021*	0.242***	0.324***	0.170***	0.012	0.127***	0.191***
ΔR^2	0.034*	0.219***	0.300***	0.149***	0.025	0.116***	0.178***
F值	2.669*	21.200***	31.328***	13.966***	1.924	10.205***	15.911***

注：*表示$p<0.05$，**表示$p<0.01$，***表示$p<0.001$。

中介效应检验。本文用SPSS软件中Process程序对感知价值的中介作用进行验证。在95%的置信区间下，重复拔靴抽样5000次，结果如表4所示。认知形象通过感知价值的传导，影响满意度的间接效应值为0.0945，其置信区间为[0.0509，0.1456]，不包括"0"，H6得到验证；情感形象通过感知价值的传导，影响满意度的间接效应值为0.0842，其置信区间为[0.0363，0.1466]，不包括"0"，H7得到验证。说明感知价值在认知形象、情感形象和满意度之间发挥了中介作用。

表4　中介效应检验

路径	间接效应值	Bootab SE	Boot LLCI	Boot ULCI
认知形象→感知价值→满意度	0.0945	0.0241	0.0509	0.1456
情感形象→感知价值→满意度	0.0842	0.0283	0.0363	0.1466

三、研究结论与启示

（一）研究结论

本文以重庆网红旅游目的地的发展为研究背景，引入感知价值为中介变量，探讨了旅游目的地形象对游客满意度的影响机制，得出如下研究结论。

（1）目的地形象有助于游客感知价值的形成。传统旅游景区认知、情感形象对感知价值的影响机制同样也适用于网红旅游目的地。旅游者通过各种网络媒介提前了解网红景区，在心中提前形成一定的认知形象；在到达目的地之后，旅游者切身体验了旅游目的地景区的历史文化、民风民俗、交通住宿等情况后产生情绪感受，就是从认知和情感形象上影响的。

（2）目的地形象正向推动满意度的形成。当游客对网红旅游地的自然、人文吸引物、基础设施等的评价较高，心理情感积极，那么游客满意度也将越高。

（3）感知价值对满意度有积极的影响。研究发现，游客满意度随旅游感知价值的增强而提升。游客满意度是游客对旅游体验绩效感知与期望衡量比较后形成的心理评价，游客在网红旅游目的地旅游过程中获得的感知价值越多，就越能够超越期望获得较好的满意度评价。

（4）感知价值在目的地形象对满意度的影响机制中起中介作用。根据前文对游客满意度概念的阐述，游客在旅游过程中的旅游体验感知评价对游客满意度起着至关重要的作用，尽管游客在出游前通过网络媒介对网红旅游目的地形成了一定的形象认知，但这种形象认知对游客满意度的影响很大程度上取决于游客的感知价值。较高的旅游感知价值能够强化游客对旅游目的地的形象认知，满足游客对旅游活动的期望，反之游客在旅游过程中的感知价值较低，就会否定出游前对网红旅游目的地形成的形象认知并对旅游活动产生失望情绪，相应地游客满意度也较低。

（5）情感形象对感知价值、游客满意度的影响大于认知形象。这说明网红旅游目的地形象的两个维度对感知价值及游客满意度的影响存在差异，游客在旅游活动中的感知价值和满意度评价受情感形象的影响更为明显。

（二）研究启示

深入挖掘旅游目的地形象，打造特色旅游目的地品牌。网红旅游景区要想保持长久的热度，就要注重长期持久的开发，结合旅游目的地的特色、潮流热点以及地域文化民风民俗等，充实网红旅游目的地内涵，通过打造具有地域特色的旅游吸引物或旅游项目，来提高旅游目的地形象、声誉，以此建立良好的旅游目的地形象。

加强基础设施建设，完善配套服务设施。在不破坏旅游目的地资源的前提下，通过完善交通线路、旅游标识系统，推进旅游厕所"革命"，建设改进景区停车场等公共设施来加强景区基础设施的建设；加强对景区服务人员的培训，将人性化与标准化、多元化与个性化相结合，对旅游目的地接待服务进行质量管理，借此提高旅游目的地的服务水平；另外，推进数字化和智能化在旅游景区的应用，在旅游服务平台之间实现资源共享。

提供个性化服务，营造旅游氛围。根据前述结论，旅游目的地的情感形象对旅游者的影响较大。通过智慧旅游的建设，建立旅游者档案，当游客重游时，各旅游景区为游客提供个性化服务，使旅游者感受到目的地的尊重；另外，通过营造轻松愉快的旅游氛围，尽可能消除游客负面情绪。景区应当把握情感形象的形成机制，通过真诚沟通、到位的服务，形成良好的景区形象，加强口碑塑造，以此提升旅游目的地的情感形象。

整合旅游资源，提高景观价值。本研究主要探讨重庆网红旅游景区中游客感知到的旅游景观价值，一般来说，旅游者对网红旅游景区有较强的期望，希望观赏到的景观或体验到的服务大于或等于旅游前对该目的地的期望，对旅游资源进行整合并且进行合理的开发利用是提高景区吸引力、增强游客感知价值的有效途径。重庆的网红旅游景区主要集中于洪崖洞、解放碑、观音桥以及磁器口等，应将这些网红旅游景区进行有效整合，融入巴渝特色文化，加之相应的配套服务，节约旅游者的时间精力，让旅游者更能体会到这座城市的魅力。

提升产品与服务质量，进行价格监管。旅游目的地应向游客提供高质量的产品与服务，让旅游者感觉到为旅游活动所花费的时间与金钱物有所值。另外，旅游管理部门应加强对旅游相关的食、住、行、游、购、娱等行业的监管，避免"宰客"行为的发生，为游客打造舒适、安全、放心的旅游体验环境。

参考文献

[1] 张红梅，龙燕升，梁昌勇，等.葡萄酒旅游目的地品牌形象影响因素扎根研究：以贺兰山东麓为例[J].中国软科学，2019（10）：184-192.

[2] FAKEYE P C, CROMPTON J L. Image differences between prospective, first-time and repeat visitors to the Lower Rio Grande Valley[J]. Journal of travel research, 1991, 30（2）：10-16

[3] 符全胜.旅游目的地游客满意理论研究综述[J].地理与地理信息科

学，2005（05）：90-94.

[4] 王纯阳，屈海林.旅游动机、目的地形象与旅游者期望[J].旅游学刊，2013，28（06）：26-37.

[5] 文捷敏，余颖，刘学伟，等.基于网络文本分析的"网红"旅游目的地形象感知研究：以重庆洪崖洞景区为例[J].旅游研究，2019，11（02）：44-57.

[6] 肖锟，虞婕.网红景区稻城亚丁的旅游形象感知分析：基于网络文本法[J].四川民族学院学报，2021，30（06）：81-87.

[7] JOHN L. CROMPTON. An assessment of the image of Mexico as a vacation destination and the influence of geographical location upon that image[J]. Journal of travel research，1979，17（04）：18-23.

[8] 黄震方，李想.旅游目的地形象的认知与推广模式[J].旅游学刊，2002（03）：65-70.

[9] 王鹏飞，宋军同，徐紫嫣.红色旅游品牌塑造与目的地形象感知研究：基于嘉兴南湖景区的网络文本分析[J].价格理论与实践，2021（7）：133-136

[10] 陈劼绮，张海洲，陆林，等.旅游宣传片的说服效应：基于危机情境的纵向跟踪实验研究[J].旅游学刊，2020，35（04）：64-75.

[11] ZHANG H, XU F, LU L, et al.Cultural capital and destination image of metropolitans：A comparative study of New York and Tokyo official tourism websites in Chinese[J].Journal of china tourism research，2015，11（2）：121-149.

[12] ZEITHAML V A.Consumer perceptions of price, quality and value: a means-end model and synthesis of evidence[J].Journal of marketing，1988，52（3）：2-22

[13] 李文兵，张宏梅.古村落游客感知价值概念模型与实证研究：以张谷英村为例[J].旅游科学，2010，24（02）：55-63.

[14] PIZAM A , NEUMANN Y , REICHEL A.Dimentions of tourist

satisfaction with a destination area[J].Annals of tourism research，1978，5（03）：314-322.

[15] 李智虎.谈旅游景区游客服务满意度的提升[J].企业活力，2003（04）：39-41.

[16] 杜梦斑，杨晓霞，陈鹏.基于百度指数的网红景区网络关注度时空特征研究：以重庆洪崖洞为例[J].西南师范大学学报（自然科学版），2020，45（06）：72-79.

[17] CHEN C F，TSAI D C.How destination image and evaluative factors affect behavioral intentions?[J].Tourism management，2007，28（4）：1115-1122.

[18] LAI M Y，KHOO L C，Wang Y A. Perception gap investigation into food and cuisine image attributes for destination branding from the host perspective：The case of Australia[J]. Tourism management，2018，69: 579-595.

[19] 王斌.景区形象与游客感知价值、满意和忠诚的关系的实证研究[J].旅游科学，2011，25（01）：61-71.

[20] 史春云，刘泽华.基于单纯感知模型的游客满意度研究[J].旅游学刊，2009，24（04）：51-55.

[21] LEE C K，YOON Y S，LEE S K. Investigation on the relationships among perceived value, satisfaction, and recommendations：The case of the Korean DMZ[J]. Tourism management，2007，28（1）：204-214.

[22] PARASURAMAN A，GREWAL D. The impact of technology on the quality-value-loyalty chain：A research agenda[J]. Journal of the academy of marketing science，2000，28（1）：168-174.

[23] RYU K，HAN H. KIM T H. The relationships among overall quick-casual restaurant image，perceived value，customer satisfaction，and behavioral intentions[J].International journal of hospitality management，2008，27（03）：459-469.

[24] KWUN J W, OH H.Effects of brand, price, and risk on customers' value perceptions and behavioral intentions in the restaurant industry[J]. Journal of hospitality and leisure marketing, 2004, 11, (01): 31-49.

[25] BIANCHI C, PIKE S, LINGS I.Investigating attitudes towards three South American destinations in an emerging long haul market using a model of consumer-based brand equity (CBBE) [J].Tourism management, 2014, 42 (06): 215-223.

[26] CHIU W, ZENG S, CHENG S T.The influence of destination image and tourist satisfaction on tourist loyalty: a case study of Chinese tourists in Korea[J]. International journal of culture tourism & hospitality research, 2016, 10 (2): 223-234.

[27] 马天, 李想, 谢彦君.换汤不换药?游客满意度测量的迷思[J].旅游学刊, 2017, 32 (06): 53-63.

[28] 周学军, 吕鸿江.游客涉入情境下网红旅游目的地形象与游客忠诚的关系研究[J].干旱区资源与环境, 2022, 36 (01): 192-200.

[29] 李晓英.新疆旅游目的地形象对游客重游意愿的影响研究[D].乌鲁木齐: 新疆大学, 2020.

[30] DUMAN T, MATTILA A S. The role of affective factors on perceived cruise vacation value[J].Tourism management, 2005, 26 (3): 311-323.

| 三峡库区可持续发展年度研究专题报告（2022）

语言景观建设与城市形象提升策略的民族志研究

—— 以万州城市形象宣传语和创文口号为研究对象

陈　曲　王志清

摘要：城市语言景观作为城市公共空间中所有语言和文字的具体呈现，对于塑造城市形象具有重要意义。万州城市形象宣传语和万州区创建全国文明城区宣传口号作为城市语言景观直接参与了城市运行。通过民族志的研究方法考察该类型语言景观与城市的互动过程，剖析万州城市形象宣传语与创文口号等语言景观指涉的空间，了解城市语言景观的本义、符号关系以及社会结构，探究语言景观蕴含的国家政策、意识形态、价值观念、权势关系、身份认同等内隐意义，发

作者简介：陈曲，女，（1984— ），重庆三峡学院文学院讲师，文学博士，主要从事民间文学与民俗文化研究。

王志清，男，（1977— ），重庆三峡学院文学院教授，贵州师范大学文学院博士生导师，民俗学博士，主要从事民间文学与民俗文化研究。

基金项目：本文系重庆市2021年度语言文字科研项目"万州城市语言景观与城市形象的民族志研究"（项目编号：yyk21212）、万州区2021年度宣传思想文化工作重大调研课题"面向'一区一枢纽两中心'城市建设的万州语言景观建设"（课题编号2021008）、重庆三峡学院三峡库区可持续发展中心2021年度开放基金项目"万州的城市语言景观及其规范化研究"（项目编号：2021sxxyjd02）的阶段性成果。

现城市语言景观确实以独特的可视化魅力和潜移默化的感染性表达着城市形象。

关键词：城市语言景观；城市形象；城市形象宣传语；标牌；民族志

"城市语言景观，指的就是该城市公共空间中所有语言和文字的具体呈现。"[1]城市语言景观以景观的形式凸显语言在人类传情达意与认知世界方面的重要媒介作用，以其独特的可视化魅力和耳濡目染的宣传性彰显城市功能。包括城市形象宣传语在内的城市语言景观充分发挥其信息功能和象征功能，积极呈现该城市的文化特色和文化底蕴，促使城市的"地理空间""物质空间"升华为充满人文气息的"精神空间"，此时语言景观就成为传达和展现城市形象最基本、最经济、最具感染力的手段与方式，对于塑造城市形象和传播地域文化具有重要的意义。

本课题以重庆市万州区的两则城市形象宣传语、万州区创建全国文明城区宣传口号（以下简称"创文口号"）等城市语言景观为研究对象，采用民族志的研究方法对该类型语言景观与城市的互动关系开展田野考察。起源于人类学的民族志研究方法，强调研究者理解当地文化持有者对自己文化的感知。具体到城市语言景观研究领域，该研究方法要求研究者充分了解语言景观所处的历史、政治、社会和经济环境，包括与语言景观产生互动关系的社会主体。在本课题的技术操作研究层面，笔者携带录音摄像设备开展调查，采用观察、记录和访谈等方式尽可能全面而系统地收集关于研究对象的所有信息，以叙事形式记录笔者本人的观察和感受。具体研究层面着眼于观察分析城市语言景观（主要为城市形象宣传语和创文口号）与城市空间的互动过程，了解城市语言景观的建构要素与建构模式，从人类学的视角切入，多维度地解读城市语言景观的外显形式，理解当地文化持有者对城市语言景观与城市形象的自我认知，探究语言景观蕴含的国家政策、意识形态、价值观念、权势关系、身份认同等内隐意义。

一、各就其位、各司其职、各美其美的万州城市形象宣传语

"城市形象宣传语是用于打造城市品牌和宣传城市形象的一种标语、口号,它向外界简明而集中地展现了一座城市的历史底蕴、人文精髓、经济特色等。好的城市形象宣传语可以彰显一座城市的个性和独特魅力,表述这座城市丰厚的文化内涵,有效提高这座城市的知名度和美誉度。"[2]制作并借助各类媒体传播城市形象宣传语已成为当下城市营销的一个重要手段。城市形象宣传语是将城市的个性与特色以简洁的语言形式高度凝练的一类语言景观,是打造城市形象、提升城市知名度的一张便捷有效的名片,在城市形象的构筑和传播过程中意义非同一般。万州(时称万县)的城市地位在近代曾经与成都、重庆并驾齐驱,拥有过"成渝万"的说法。万县于1917年设立海关,1925年正式开埠,成为四川继重庆后第二个开埠的通商口岸。万县依托"襟四川而带五湖,引巴蜀而控荆楚"的地理交通优势,曾经发展为当时四川省的第三大城市,一度以"万商云集"而闻名全国。然而时至今日,当下的重庆市万州区遭遇了城市经济实力相对薄弱、城市知名度偏低、城市集聚辐射能力较小等实际困难,与历史上的知名度不可同日而语,城市知名度偏低的现状在某种程度上制约了万州的发展。由此可知,提高万州的城市知名度,打造城市特色的品牌刻不容缓,而设定具有鲜明特色的城市形象宣传语当属发展策略之一。

重庆市万州区于2014年8月15日对外界公布,将"三生有幸,平湖万州"正式列为万州的城市形象宣传语。"语音是语言景观的形式,词汇是砖瓦,语法是结构,语义是内涵,语用是外延,各要素共同构建和谐的语言景观。"[3]从语言景观的本体维度审视,该则城市形象宣传语采用了四字格节拍,四字格是各类宣传语言中比较符合语言经济原则的格式,音节结构齐整简明,形式均匀对称,上下句之间平仄相对,仄起平收,声调安排错落有致,具有高低起伏抑扬顿挫的读音效果。语用方面采取了谐音策略,"湖"字在万州方言中谐音为"福",与"平"字衔接,

寓意为"平安""幸福",语音使该则城市形象宣传语充满地方文化韵味。修辞格方面,以镶嵌的方式将典故"三生有幸"、伟人诗词"平湖"、地名"万州"三者有机融合,"三生有幸"典故旨在彰显历史底蕴,"平湖万州"一词则呈现毛泽东主席"高峡出平湖"的畅想,凸显地域标识,向下两句无缝链接万州这座城市的历史与现实。宣传语的联想意境设计方面,上句的"三"与下句的"万"有机连接,暗合《道德经》所提的"一生二,二生三,三生万物"理念,营造了"三生万物,峡连九州"的联想映像。"三生有幸"典故的源自"三生石"传说,这则传说以唐代袁郊的《甘泽谣》和宋代苏轼的《僧圆泽传》等历史文献为依据,清晰交代了万州与杭州两座城市的历史联系。将"三生有幸"嵌入万州城市形象宣传语可以造势借力,使万州与杭州两座城市因为"三生石"传说产生联动效应。而作为宣传语构成要素的"三生有幸"典故确实引发了如何讲述万州故事的学术思考,程地宇的《万州南浦"三生石"考略》[4],滕新才的《三生石文献疏证》[5],陈曲的《作为实践记忆的"三生石"传说——以嵌入万州城市形象宣传语的多元化叙事为研究对象》[6]等公开发表的学术论文即是例证。

"好的城市宣传语应该具备效率与效益两个标准,效率就是宣传语能不能达到让更多人关注的目的;效益就是会不会带来负面的影响,会不会违背社会主流的道德文化习俗。"[7]"三生有幸,平湖万州"这一城市形象宣传语催生了一系列打造城市品牌的实践活动,从连锁效应来看确实达到了效率与效益两个标准。"语言景观个体维度注重个人体验,主要考察语言使用者在生活中对语言景观的态度和理解,以及语言景观话语中的交际选择。"从语言景观的个体维度审视该系类活动,影响最大的当属万州的城市形象歌曲,重庆市万州区文学艺术界联合会与重庆市万州区音乐家协会于2015年组织了"三生有幸,平湖万州"城市形象歌曲征集活动,产生了《三生有幸》《平湖万州》《三峡的月亮》等精品,其中由胡适之作词、徐子崴作曲、歌手石头演唱的万州风景音乐微电影《平湖道情》主题曲《三生有幸》传播甚广,深入人心。尤为典型的是由万州第三中学2018级的谭渝缤、王宇、张恒翔、张泰熙、官巧笛、牟洪琳六名高中学生翻唱制作的《三生有幸》视频作品家喻户晓，老幼皆知。"天边云起，鼓楼青苔润细雨。西山秋风，思念把江水涌动""遇见你，三生有幸。南浦一梦，醉了太白好诗兴""遇见你，我三生有幸，万州同行，爱的相逢"等歌词广为人知。视觉作品方面还有三峡都市报社新媒体中心视频团队制作的"三生有幸，平湖万州"城市宣传片，该部时长6分钟的宣传片在新媒体平台发布后好评如潮，并于2017年荣获全国党媒优秀原创视频"十佳视觉奖"。文学作品方面则有《三峡文艺》专辟版面刊登了"万州城市宣传语文选"专题，李晓华、梅万林、柏铭久等作家、诗人发表了《三生有幸》《与之相携，三生有幸》《家在万州》等一系列文学作品。

  在学术研究领域，城市语言景观已经作为城市典型文化景观的重要样本被人文地理和城市地理研究者所关注，成为研究城市象征空间的有效途径和新方向。从语言景观的自然维度审视万州城市形象宣传语的空间建构，当地通过语言景观营造视觉效应的举措堪称颇具匠心。万州区于2018年5月落成万州新地标"三生有幸"广场，该广场位于沿江的南滨公园之中，占地面积约15000平方米，属于三生缘廊景观的一部分。地理位置与《三生有幸》歌曲中所唱的"西山秋风，思念把江水涌动"的西山公园隔江相望。该广场在宏观设计层面契合万州区滨江环湖旅游主题，纳入屿江国际酒店 — 文化艺术中心 — 三峡移民纪念馆 — 黄金水岸游艇码头 — 江南商旅中心 — 水晶广场（三生石）— 南滨路摩崖石刻这一环湖旅游线路。微观设计方面，整个广场由"三生缘"景观墙、文化墙、"三生石"、姻缘树及滨水休闲广场五大景观组成，"三生缘"景墙上镌刻着巨幅大字——"三生有幸，平湖万州"。长度为95米的文化墙上镌刻了宋代大文豪苏东坡的《僧圆泽传》，以及讲述唐代贞元年间李源与僧人圆泽二人三生相会的八幅石刻浮雕。另外，传说中所涉及的诗文也予以石刻记录，还有讲述"三生有幸，平湖万州"城市形象宣传语整个知识生产过程的石刻铭文。笔者采用数码相机拍摄采集了与"三生有幸"典故有关的语言景观照片26张，将其中所列文字录成纯文字文档，制作了一个简易识读的语料库，其中因为苏东坡所撰《僧圆泽传》于古籍中常见，故省略未写。其他语料陈列如下：

（一）交待"三生有幸，平湖万州"万州城市形象宣传语知识生产过程的石刻铭文

三生有幸　盛世重光

"三生有幸"成语典故记载了1200多年前的唐贞元年间，僧人圆泽与隐士李源于南浦（今万州）定下隔世之约的故事。二人高情厚谊堪比子期伯牙、管仲鲍叔，为世人昭示了大德君子，一诺三生重信义、生死不渝谐真情的中华传统美德。稽之古籍，"三生有幸"典故源自万州有据可考。唐袁之仪《甘泽谣·圆观》与宋初赞林《宋高僧传·唐洛京慧林寺圆观传》均载明李、圆二人生死契阔、缘定三生之地为三峡南浦。后经大文豪苏东坡删改润色作《僧圆泽传》而得以流传。南宋王象之《舆地纪胜·夔州路·万州》记载，圆泽亡化于万州郡东濒江四十里的周溪，于唐乾元间再生为南浦人，万州大元寺有《唐僧圆泽传》碑文，周溪有"三生石"，石畔尚有建于唐咸通三年的《圣业院碑》。明曹学佺《蜀中广记》《同治增修万县志》《道光夔州府志》等古籍中均有同类记载。藉东坡《僧圆泽传》而脍炙人口的两首《竹枝》亦是佐证，而竹枝词本起于巴渝民歌。世事沧桑，万州"三生石"等历史遗迹今已无存，感人故事尘封于故纸。今人但有杭州天竺寺三生石而不知有万州南浦三生石，诚为憾事。

幸运的是，2014年中共重庆市万州区委决定向社会公开征集万州城市形象语，由区政协调研组提交的"三生有幸，平湖万州"从12600条应征作品中脱颖而出，区委集思广益、择善而从，最终确定"三生有幸，平湖万州"为城市形象宣传语。"三生有幸"这一蕴含历史情韵，传承传统美德，寄寓民生福祉的古语，与承载伟人构想，书写改革巨变，刻画江山美景的"平湖万州"珠联璧合，打造了万州崭新的城市名片。古老的成语

洗去历史尘埃，重新焕发出勃勃生机。在区委、区政府的倡导下，万州各界人士和广大群众，以无比的热情和自豪感，为宣传和打造万州城市新形象付出了大量的汗水和智慧。幸有谭鸿飞、王建国两位万州律师，急公好义，聚万千之力，承前人三生，经艰苦卓绝的努力，使万州"三生有幸"终获国家注册商标，万州这一具有特殊文化价值的人文标志得到了法定保护。

　　南浦已成往事，万州另开新篇。古之君子，重情守义，一诺千金；万州人民，耿直豪爽，诚实守信，承古人遗风，展万州华章！追梦南浦，源远流长。三生故事，万古流芳。重情守信，勿失勿忘。传统美德，宜承宜彰。万州古城，历尽沧桑。民风敦朴，古道热肠。建新中国，富国强邦。伟人构想，瑰丽诗章。移民百万，斗志昂扬。壮我山河，富我家乡。高峡平湖，明珠以镶。潮平岸阔，云集万商。广厦林立，美食琳琅。平湖扬波，迎客八方。民开眼界，总览八荒。西部开发，乘风起航。一带一路，纲举目张。改革洪流，浩浩汤汤。复兴中华，伟梦荣光。躬迎盛世，慨当以慷。砥砺奋进，共赴小康。特铭文以记之！

（二）提及唐代袁郊所著《甘泽谣·圆观》交代文献来源的导览图

　　三生缘廊导览图是以"三生有幸"典故为背景，以爱情为主题，以相识－相爱－相思－相守为线索打造，三生有幸遇见你，知卿心系在我心，前世今生与来世，有缘总在此相聚！"三生有幸"典故出自唐代袁郊所著的《甘泽谣·圆观》，记载了唐代贞元年间发生在万州的感人故事。

（三）"三生石"传说所涉及的诗句

　　"三生石上旧精魂，赏月吟风不要论。惭愧情人远相访，此身虽异性长存。身前身后事茫茫，欲话因缘恐断肠。吴越山川寻已遍，却回烟棹上瞿塘。春风杨柳南柯梦，瑶合仙境抱彩虹。三生奇石今犹在，心有灵犀一点通。"①

综上所列,"三生有幸"广场的语言景观为"三生有幸,平湖万州"的城市形象宣传语提供了历史资源支撑和真实载体依托。当下城市形象宣传语的特定标志与为民服务的公共空间有机融合在一起,"三生有幸"广场成为民众休闲娱乐的好地方,亦成为青年伴侣倾心选择的婚纱照外景拍摄地。彰显城市形象宣传语的"三生有幸"广场成为万州区显著的人文地理表征。

万州区政府于2019年12月在央视七套投放了万州城市形象宣传片,彼时在央视公布的城市形象宣传语调整为"万川毕汇,平湖之州",与原来公布的城市形象宣传语有所不同。综合比较城市形象宣传语与城市形象的多向互动关系,用舍由时、因时制宜,"三生有幸,平湖万州"与"万川毕汇,平湖之州"二者各就其位、各司其职、各行其道、各美其美地发挥着作为语言景观的信息功能和象征功能。当然,拥有多条城市形象宣传语甚至城市形象宣传语群是城市营销中的常态,例如重庆市亦有"重庆,非去不可""行千里、致广大——重庆""世界的重庆、永远的三峡"等宣传语。

"所谓城市形象定位是指在分析和调查城市发展历史和现状的基础上,结合城市静态的、动态的比较优势,结合未来发展态势和区域分工,确定最具有生机的城市个性特征,即确定城市在国内或国际范围内独有的发展优势位置。"[8]从语言景观的本体维度审视"万川毕汇,平湖之州"这条城市形象宣传语与万州的城市定位,要求城市宣传片在时长仅为几十秒的视频作品中要集合城市符号、城市口号、标志性景观、人文情怀等多方面要素,准确精练地把握城市精髓从而建构传播传该城市形象。这样,城市形象宣传语的设计就显得尤其重要,决定着城市形象的定位,城市形象宣传语要恰当呈现城市形象定位,在公众心目中形成一个具有鲜明个性特征

---

① 该诗前八句诗为"三生石"传说的文献所辑录,后四句为当下补充添加而"再创作"的诗句。

的城市印象。分析万州这则宣传语的构成要素，修辞方面采用了"拆字"设计，将"万"与"州"字分别嵌入上下句，类似谜语的谜面与谜底，与重庆"行千里、致广大"的"千里为重、广大为庆"的宣传语属于同一类型设计。语音节拍依旧是四字格，音节机构仄起平收，声调安排错落有致。宣传内容以自然环境素材为主，兼顾特色产业。创意方面突出"万"字，强调了万州因"万川毕汇"而得名，因"万商云集"而闻名，因"万客来游"而扬名。万州旅游品牌的目标定位是打造"美食+旅游"融合发展的旅游名片，最终形成"畅游三峡·万州出发"的旅游新格局。宣传目的是促使当地的美食产业与旅游产业得到全方位、深层次、宽领域的融合发展，从而助推万州经济实现高质量发展。

宣传片的整体框架设计是以"万川毕汇，平湖之州"为篇名，将"万川"的自然景色与"万州烤鱼"等特色产业作为城市形象宣传语的构成要素。具体内容是将"好吃"与"好玩"两个要素融合，向全国观众推荐万州美食与美景。呈现方式大体分为"中国烤鱼之乡"和"畅游三峡·万州出发"两个板块，万州大瀑布、平湖美景、万州烤鱼、万州杂酱面等要素成为宣传片的主要内容。宣传片中特意凸显了"中国烤鱼之乡"这一特色产业的城市定位，择取了万州知名度较高的烤鱼饮食产业，在城市宣传片中充分发扬饮食产业特色，彰显烤鱼品牌效应。万州以饮食产业与城市形象的相互推动为手段，期望通过打造"中国烤鱼之乡"的城市品牌提升知名度，达成"万客来游""万商云集"的目的。

从语言景观的社会维度剖析万州的两则城市形象宣传语与城市形象的多重关联互动过程，它们向外界简明而集中地展现了万州这座城市的历史底蕴、人文精髓与产业经济特色，彰显了这座城市的个性和独特魅力，表述了这座城市丰厚的文化内涵。整体而言，两则各就其位、各司其职、各美其美的宣传语达到了效率与效益的两个标准要求，达成了知名度与美誉度兼备的宣传效应，充分展现了语言景观的信息功能与象征功能。

二、标牌与空间属性：万州创文口号统领式的城市语言景观

2019年3月，万州区全国文明城区创建工作领导小组办公室宣布"万川毕汇，文明之州"作为万州的创文口号，该口号与"万川毕汇，平湖之州"的城市形象宣传语文脉相承，保留了"万川毕汇"这一重要的城市形象宣传语的构成要素，通过"文明之州"字样凸显了创文主题。"万川毕汇"作为城市形象宣传语在外界已经具有了一定的知名度，对内部而言，万州公众对于这一凝聚万州城市自然风景特征的词汇已经耳熟能详。"文明之州"的"文明"二字既交代了万州创建全国文明城区工作的动态，又泛指广义的大文明，直指本次全国文明城区的创建主题。口号在修辞设计上依旧采用"拆字"模式，"万""州"两字首尾呼应，组成"万州"。整个口号简洁明快、主题突出，保持了对"万川毕汇，平湖之州"的传承延续。万州区委区政府针对创文工作作出"一年查漏补缺、两年全面达标、三年决战决胜"的工作部署，布置了着力提升市民文明素质、着力优化城市环境面貌、着力营造创建浓厚氛围、着力提高创建质效等四方面的任务。宣传部门于2019年4月初启动了宣传口号标识设计相关工作，将西山钟楼、一湾碧水为造型立意的标识作为万州创文徽标，并按照《全国文明城区测评体系操作手册》（2021年版）要求，统一规划设计了公益广告，在社会公共场所、公共交通工具、建筑工地围挡等显著位置刊播展示万州创文徽标和万州创文口号，通过城市语言景观的形式把社会主义核心价值观和文明风尚有机融入各类生活场景。2019年6月伊始，书写着万州创文口号的各类标牌分布于万州大街小巷，建构了万州创文口号统领式的一系列城市语言景观。

笔者于2002年2月在万州区五桥街道天星路、天顺路开展了关于万州城区创文口号的专题调研活动，采用高清数码相机共拍摄采集了张贴有创文口号的公共设施、公益广告牌、学校院墙、建筑工地围挡等各类标牌的照片154张，然后将这些照片中的文字转录成纯文字文档，并在此基础上梳理创建了一个简易识读的语料库，现陈列如下。

（一）公益广告牌

主要悬挂于道路两侧路灯杆，每个路灯灯杆两侧并列悬挂高度约1米，宽度约0.4米的公益广告牌两块，公益广告牌是由文字、图案、底色背景等元素彼此互嵌组合，大致分为蓝色、红色、白色等不同底色的语言景观文本。所有路灯杆右侧悬挂的标牌统一是以天蓝色为底色的创文口号标牌，标牌顶端左上角描绘了以西山钟楼、一湾碧水为造型的万州创文徽标，徽标下端以较小白色字体标注了"万川毕汇，文明之州"的创文宣传口号，标牌顶端书写了"讲文明树新风"公益广告，清晰地说明了标牌的公益广告性质，上端文字与图案部分所占比例约为标牌整体面积的六分之一。标牌中部用大号字体书写"万川毕汇，文明之州"的创文口号，约占标牌面积的70%，彰显大字号的比例优势，形成占据标牌的视觉权势。标牌下端约20%的部分书写了"践行社会主义核心价值观——富强民主文明和谐　自由平等公正法治　爱国敬业诚信友善"。标牌最底端落款单位为"万州区全国文明城区创建工作领导小组办公室宣"。

路灯杆左侧悬挂的标牌是大部分以红色为底色的辅助宣传牌，下端约10%的部分以白色为底色。标牌中心部分书写内容分别为"文明创建共参与、文明成果同受益；争当美德少年、建设和谐万州；共创全国文明城区、共享幸福美好生活；让城市更文明、让生活更美好；手牵手创建文明城区、心连心打造魅力平湖；维护未成年人合法权益、优化未成年人成长环境；环境卫生人人参与、美丽万州家家受益"。

（二）公共设施

天星路张贴公益广告的公共设施主要是三峡水利公司的6个配电箱。配电箱是整体高度约2米、长度约2.2米、宽度约2米的块状物，配电箱四周全部张贴公益广告，其中东西两面内容相同，南北两面内容相同。东西相对面所张贴的图片格局大致分为上中下三个板块，上端以天蓝色和万州港照片为背景，图片顶端左上角部分描绘了万州创文徽标，徽标下端以较小字体标注了"万川毕汇,平湖之州"的创文口号,图片顶端右上角书写了24个字的社会主义核心价值观,该板块比例约为整个图片面积的15%。中间部分为大字号书写的"万川毕汇,文明之州"创文口号,紧贴创文口号的下端标注有"10KV大桥二回18支分箱""10KV大桥二回19支分箱"等字样以及"高压危险请勿靠近"等提示语。图片下端面积约20%的部分是以红色为底色、用白色字体标注的"三峡水利 服务热线58222102"和"高压危险请勿靠近"等提示语,该板块的语言景观呈现了配电箱作为公共设施的信息功能。

南北对面图片上下端的标识、宣传口号、社会主义核心价值观、提示语等内容与位置比例与东西面图片相同,图片中间约占70%的部分书写了创文活动的具体行动内容。

我文明我践行 从"十要十不要"做起

要走斑马线 不翻越护栏 要爱护环境 不乱吐乱丢
要注意形象 不占座睡觉 要爱护公物 不任意破坏
要管好自己 不高空抛物 要轻声细语 不高声喧哗
要遵守交规 不乱闯红灯 要互助互让 不争抢座位
要各行其道 不抢道拥堵 要有序排队 不拥挤乘车

(三)百安移民小学院墙及建筑工地围挡

位于天顺路正门的移民小学院墙上悬挂张贴了40余幅标牌,在所有标牌上端或左上角书写了"万川毕汇,文明之州"的创文宣传口号,部分标牌还标注了"讲文明树新风公益广告"字样。除了"中小学教师职业道德规范""中小学生守则"等常规的语言景观之外,涉及万州创建全国文明城区的标牌有32块,有"社会主义核心价值观""万州区创建全国文明城区倡议书""万州市民文明行为21条""居民公约""卫生健康知识(防疫工作)""争当美德少年,建设文明万州""文明创建共参与、文明成果共受益"等。其中最为突出的是宣扬社会主义核心价值观的标牌，校方把握投放"讲文明树新风"公益广告的契机，结合小学生教育工作实际需要，采用图文并茂的图解方式详细介绍了社会主义核心价值观，标牌上端配置有相关内容的图片，图片下端按字号大小以金字塔式排列文字，现择取其中的公民基本道德规范部分列举呈现。

爱国　国家兴亡 匹夫有责　爱国是一个公民应有的道德，是中华民族的优秀传统。它同社会主义紧密结合在一起，要求人们以振兴中华为己任，促进民族团结、维护祖国统一、报效祖国。

敬业　恪尽职守 乐于奉献　敬业是公民职业行为准则的价值评价，要求公民具有积极向上的劳动态度和艰苦奋斗的精神。忠于职守、精益求精、服务社会，充分体现现代主义职业精神。

诚信　一言九鼎 重于泰山　诚信即诚实守信，是人类社会千百年传承下来的道德传统，也是社会主义道德建设的重点内容，是为人之道、立身之本。它强调做人要诚实劳动、信守承诺、诚恳待人。

万州区百安移民小学

　　小学教学楼建筑工地围挡的公益广告由施工单位负责，与移民小学围墙的语言景观相比就显得相对简略，除了包含"社会主义核心价值观""万州创文口号""十要十不要"等内容外，还结合工地现场环境和教学场所的现实情况设计了部分公益广告，张贴了"维护未成年人合法权益，优化未成年人成长环境""要管好自己，不要高空抛物""垃圾分一分，环境美十分"等内容，落款为"中澳建工集团有限公司宣"，强调了标牌的所属单位身份。

　　万州创文口号统领式的语言景观充分呈现信息功能与象征功能，使该区域具有万州创建全国文明城区的社会意义，使天星路、天顺路等地具有了独特的空间属性。万州创文口号统领式的城市语言景观承载着万州的城市文化，体现了万州城市的文明程度，提升了万州城市的品质和内涵。

三、从知其然到知其所以然的阐释 —— 城市语言景观的民族志解读

笔者以田野调查中获得的数十例口述访谈资料为依据，从个体维度方面了解了万州当地文化持有者对城市语言景观与城市形象的自我认知。如访谈在"三生有幸"广场散步的多位老年人，他们几乎都秉持万州是"三生石"传说发源地的说法。还有部分外地游客知晓万州与杭州关于"三生石"传说的历史关联。笔者走访万州城市形象歌曲的演唱者，还有万州城市宣传语诗文的部分创作者，他们几乎一致认为万州城市形象宣传语的提出，概括凝练了万州的标志性文化，由标志性文化统领并相继产生其他文化产品是规律使然、利益使然，是提升城市形象、增强城市活力的有力措施。访谈的几位天星路居民对于万州创建文明城区的公益广告也有自己的看法，认为通过标牌可以知晓万州区现在做什么大事，创文活动对于提高公民素质是一件大好事，但对于文明行为倡议中使用了过多的"不要"字样表示反感，认为太多的否定词缺少人文关怀让人感觉不舒服。在万州百安移民小学调查现场，几位学生家长反映，学校张贴的创文标牌对于小学生尤其是刚识字的一二年级小学生有教育警示引导作用，标牌所列万州市民行为21条中的"做文明市民，不闯红灯不逆行"，中小学生守则中的"红灯停，绿灯行"内容，还有"讲文明、树新风"系列公益广告标牌上的"人人参与控烟活动，共创健康无烟环境""争当美德少年，建设文明万州"等倡议都成为"教育"家长"什么该做什么不应该做"的现场版"教科书"。

"语言景观的空间配置包括地理区域和符号的空间排列。"[9]地理区域指语言景观的所在地，语言景观的"符号的空间排列指语言景观载体上符

号的排列组合，包括文字、图形、图像、图示等的大小及置放方位，还包括语言景观载体的形状、比例、尺度等。这些符号的置放均受空间逻辑支配，不同的空间位置决定了符号的意义。"[9]官方是万州区所有语言景观的创设者，体现国家的意识形态，规定语言景观的法定内容引导公众的言语行为，而对于语言景观的载体——标牌如何呈现，不同的制作者与发布者则体现了一定的自由度。"三生有幸"广场将苏东坡的《僧圆泽传》在显著位置以专题石刻文献的方式予以呈现，而对更早的唐代袁郊所著《甘泽谣·圆观》这一历史文献仅在导览图有所提及。关于广场语言景观中的历史文献比例呈现问题，通过访谈主持该项工作的文化官员了解到，制作方在广场的整体设计中确实对语言景观的排序组合问题有所考虑，基于提升城市知名度的现实诉求选择了知名度更大的苏东坡，期望借助历史名人效应提升万州知名度。而在表明万州区政府鲜明态度的"三生有幸盛世重光"石刻铭文中给予了唐代袁郊及《甘泽谣·圆观》客观评价，遵循了历史真实。

还有万州百安移民小学建筑工地的"讲文明、树新风"公益广告标牌，承建单位中澳建工集团有限公司亦在标牌设计中通过落款单位展示其身份特征，通过恰当地把握语言景观的经济原则开展了公司的广告宣传，借助合理商业化应用公共空间从而达成一定的广告效应。对比观察，天星路上配电箱的标牌与此属于同一类型。

其中尤为值得一提的是万州区百安移民小学以别开生面的图解方式介绍社会主义核心价值观的标牌。该系列标牌选择了通俗易懂、符合小学生接受心理的图片，配合文字协同表意。图片作为语言景观中的非语言符号，具有醒目、简洁等特点，并且与语言景观中的语言符号有机结合，会让受众群体理解符号的"所指"，充分发挥补充解释说明文字的作用。

标牌公民基本道德规范——"爱国"的上方配备了内容为一名身着戎装、胸前佩戴大红花参军的男青年敬军礼与父母双亲告别的图片，图片右上角还有"光荣之家"的字样。"敬业"的上方配备了内容为一位农业科学家与农民在田间探讨问题的图片，图片的左上角显示有"万吨粮示范田"的字样。"诚信"的上方配备了一张内容为爷爷领着小孙女购买水果，水果摊老板称量水果的图片，图片右上角嵌入几颗红白相间的嫩桃和翠绿的桃树叶，营造出在硕果累累的桃树之下童叟无欺、诚信交易的情境。"友善"的上方配备了父母与小孩一家三口携带礼物到病房探望生病老人的图片，虽然身处病房但所有人都笑意盎然，场面温馨。语言景观中的图片等非语言符号都会依据社会约定产生特定的符号意义，可以说上述图片的符号"所指"意义显著。

结合多名该校教职工的访谈资料与学校教书育人的语境分析，英姿飒爽、精神焕发、充满阳刚之气的军人照片对于培育孩子"英雄梦"的影响不言而喻；硕果累累的鲜桃画面则昭示了"桃李满园"的象征意蕴；和谐温馨的探病画面无论对于小学生还是接送孩子上下学的老年人群都应当会产生充满正能量的心灵触动。而"敬业"画面则不仅有助于理解社会主义职业精神，还从某个侧面讲述了这座小学的成长史，百安移民小学作为三峡移民安置区配套小学，是一所于2001年真正在田野里破土动工、拔地而起的小学。

万州的城市语言景观构建了一个空间话语体系，"三生有幸"广场、百安移民小学等成为不可移动的城市语言，通过语言景观符号与空间的密切联系，以非常情境化的语言表达方式彰显城市不同空间的功能。一系列语言景观在一定程度上引导了人们的话语和行为模式，影响着人与人以及人与空间的互动关系，让人切实感受到万州的城市活力。

综上所述，本文通过对万州城市形象宣传语与创文口号进行索引式的民族志分析，将城市语言景观蕴含的国家政策、意识形态、价值观念、权势关系、身份认同等内隐意义做了人类学的诠释。城市语言景观既是一种实际的物质形态，更是一种观看方式和视觉理解，作为一种文化实践直接参与了城市运行。剖析万州城市语言景观指涉的空间，了解所述语言景观的本义、符号关系以及社会结构，万州城市语言景观以其独特的可视化魅力和潜移默化的感染性表达着城市形象。

万州的城市语言景观建设如何在增强城市活力、提升城市形象方面更上一层楼？笔者结合人类学的文化整体观，在语言景观建设与城市形象提升方面提出"眼光向外"与"眼光向下"两点认知维度予以补充。目前，万州依托国家构建成渝双城经济圈、推动渝东北川东北一体化的区域发展战略布局，结合当地实际情况提出了"一区一枢纽两中心"的最新城市定位，由此语言景观建设就要增加"眼光向外"的认知维度，体现出语言景观的外语服务功能。从万州语言景观的现状来看，公共领域的外文译写方面相对欠缺，外语服务质量更是无从谈起，尤其是万州城市形象宣传语还缺少跨文化视角下的构建与译介。当地政府有必要动员地方高校的专业学者积极探索并研制适合当地的双语标示英文译写地方标准，鼓励地方高校参与社会服务，支持城市语言景观建设。此外，"眼光向下"这一人类学经典的认知维度同样适用于语言景观建设，地方政府作为语言景观的设置者需要综合考虑受众群体的真实利益诉求、语言景观受制语境等多种因素。如本文提及的天星路居民对于倡议书中一系列"不要"字样的反感态度，万州百安移民小学图片配合文字协同表意设置标牌的举措，地方高校围绕"三生有幸"典故讲述万州故事发表不同学术见解等，这一系列事件都可以作为案例参考，为万州城市语言景观的良性建设和城市形象提升提供些许启示。

参考文献

[1] 闫亚平，李胜利.语言景观与城市形象[J].石家庄学院学报，2019（3）：50.

[2] 程展.衢州市城市形象宣传语分析与考察[J].安徽文学，2012（7）：131.

[3] 陈睿.城市语言景观的六维透视[J].江淮论坛，2016（5）：155-156.

[4] 程地宇.万州南浦"三生石"考略[J].三峡文艺，2014（3）：7-11.

[5] 滕新才.三生石文献疏正[J].古籍整理研究学刊，2018（5）：9-16.

[6] 陈曲.作为实践记忆的"三生石"传说：以嵌入万州城市形象宣传

语的多元化叙事为研究对象[J].重庆三峡学院学报,2020(6):11-16.

[7]张芳山.城市宣传语与品牌营销[J].决策,2011(2):63.

[8]陈红.我国城市形象营销策略研究[J].新闻界,2009(3):182.

[9]刘丽芬,张莉.语言景观符号学阐释[N].中国社会科学报,2022-02-08.

| 三峡库区可持续发展年度研究专题报告（2022）

重庆市民族区域乡村聚落时空演变、预测及保护对策研究

白丽芳　郭　莉　王超越　刘艺璇　杨玉筝　郭先华

摘要： 通过构建 CA-Markov 模型，在分析2000—2018年间重庆少数民族区域（四县一区）演变特征的基础上，对研究区2028年的乡村聚落格局进行预测，运用莫兰指数对2000—2028年间聚落整体空间分布模式的演变进行分析；最后提出相关的保护对策。结果显示：（1）2000—2018年研究区局部出现新的聚落斑块，乡村聚落数量增加了48个，聚落斑块面积增加了7.29平方公里；（2）通过模型预测，研究区域的乡村聚落2018—2028年间，整体布局未发生明显位移，0.9999平方公里的乡村聚落转变为耕地、林地、草地和水域，0.0214平方公里的未利用土地转变为乡村聚落；（3）2018—2028年间，莫兰I指数达到1.44，Z得分增加1.60，研究区到 2028年依旧会

作者简介： 白丽芳（1997—），女，山西吕梁人，硕士，主要研究方向为3S技术与区域生态安全。

通信作者： 郭先华（1974—），男，博士，副教授，主要研究方向为乡村聚落保护与区域生态安全。

基金项目： 本研究系国家社科基金项目（21BMZ141）、三峡库区可持续发展研究中心开放基金项目（2021sxxyjd01）、重庆市教育委员会人文社会科学研究规划项目（21SKGH432）、三峡库区水环境演变与污染防治重庆市重点实验室开放基金项目（WEPKL2018YB-06），本研究得到中国国家留学基金资助。

延续聚集分布态势;(4)采取就地保护和易地搬迁保护相结合的举措,最大限度地保持聚落原貌,在保护的同时依托当地特色开展特色旅游业。

关键字:重庆市;少数民族区域;乡村聚落;CA-Markov 模型;聚落保护

引言

乡村聚落作为乡村居民生活与生产的载体,其格局分布状况能反映农村居民活动特征,是促进城乡融合的重要力量。少数民族地区乡村振兴是实现各族人民共同富裕的本质要求,也是新中国成立以来少数民族地区乡村振兴工作的进一步发展。农村地区经济发展和农村人口的增加推动乡村聚落的演变,人口增加导致住房需求增加,需要对应的生存空间。

当前,居住空间我国主要是对城市扩张和乡村聚落进行研究,东部经济发达区、西部黄土丘陵区、南部丘陵山区、中部传统农区以及干旱绿洲区是研究的重点。鲁思敏等[1]运用标准差椭圆和核密度分析等方法研究新疆天山北麓中部木垒-奇台-吉木萨尔地区聚落的演变规律。唐建军等[2]采用景观格局指数深入分析16个城镇的演变特征与形态规律。邱应美等[3]利用GIS技术分析元阳县全福庄中寨自1960年建寨以来民居分布格局的演变过程,探讨关键因子对民居分布格局的影响机制。朱晓翔等[4]对国内乡村聚落的发展变化进行综述,张磊等[5]研究云南环洱海地区乡村聚落空间分布特征。余斌等[6]对乡村聚落进行研究分析并提出展望。刘家福等[7]构建 CA-Markov模型,模拟预测2024年的土地利用格局。幸瑞燊等[8]运用Ann-CA-Markov模型对万州区2024年生态空间进行模拟预测。陈佳楠等[9]构建MCE-CA-Markov模型,对宁乡市森林景观格局进行模拟预测。罗紫薇等[10]以上杭县城2020年城市外环道路边界以内为研究对象,利用CA-Markov模型进行预测模拟。张帅杰等[11]从人文的动态视角,建立土家族聚落景观形态，对秀山的乡村聚落保护进行研究。赵步云等[12]对西江苗寨展开动态的空间预测和分析，对黔东南地区民族乡村聚落的保护性规划有重要意义。CA-Markov 模型能够对各样生态空间类型的转移概率矩阵和转移总量进行预测，通过分析邻域对各种生态空间类型的空间分布状况进行模拟预测[13-15]。该模型多用于土地利用类型变化预测，对少数民族聚落时空演变的特征和预测的研究少。

本研究以重庆市少数民族乡村聚落为研究对象，通过 CA-Markov 模型对重庆市少数民族乡村聚落分布特征进行预测，从景观尺度对该区域乡村聚落演变特征进行研究，根据预测结果对研究区 2000—2028 年间聚落整体空间分布模式演变进行分析，针对该区域乡村聚落存在的问题，提出相应的聚落保护对策，以促进重庆市民族区域乡村聚落的发展。

一、研究区域与数据来源

（一）研究区域

本研究区位于重庆东南部，渝鄂湘黔四省市的结合部，地处武陵山和大娄山两大山系交汇处107°48′—109°18′与28°9′—30°33′之间。包括石柱县、彭水县、酉阳县和秀山县四个自治县以及黔江区，面积约为16956.22平方公里。该区域是多民族栖息地，境内有蒙古、苗、土家、回、仡佬、侗、藏、彝、哈尼、满、壮等28个少数民族，是全国极少数的以苗族和土家族为主的少数民族聚集区（见图1）。

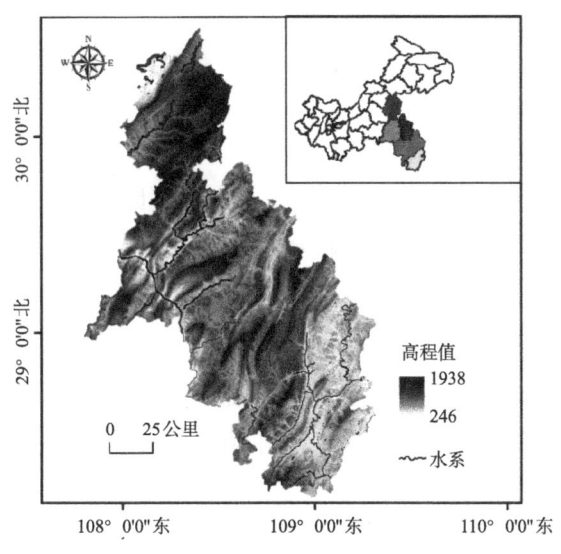

图1 重庆市少数民族区域区位图

（二）数据来源

遥感影像数据（30M分辨率）来源于中国科学院计算机网络信息中心地理空间数据云平台①。重庆市少数民族区域行政边界、数字高程模型（DEM）、交通、河流等数据都源于谷歌地球（Google Earth）和国家基础地理信息中心，影像1∶100万地形要素数据，其中交通包括国道、省道、县道和乡级道路。通过解译DEM数据（30M分辨率），可获取高程、坡度、地形数据。人口、经济等数据来源于重庆市人民政府网②、重庆统计局③和重庆市石柱人民政府④。

---

① http://www.gscloud.cn/
② http：//www.cqxs.gov.cn/
③ http：//tjj.cq.gov.cn/
④ http：//www.cqszx.gov.cn/

二、研究方法

（一）景观格局指数法

选择斑块面积（CA）和斑块个数（NP）定量分析研究区乡村聚落时空演变差异，反映其空间变化特征和内部结构组成[16]。

（二）CA-Markov 模型

Markov 链与 CA 滤波器构成 CA-Markov 模型，Markov 链负责土地利用转移概率矩阵的生成；CA 滤波器对土地利用类型进行模拟预测。

1.Markov 模型

Markov 模型[17]可以预测事件发生的概率，土地转移概率是土地利用类型之间相互转化的面积或比重，计算公式为：

$$S_{(t+1)} = P_{ij} \times S_t \tag{1}$$

式（1）中，$S(t)$、$S(t+1)$ 分别表示 t、$t+1$ 时刻的状态；状态转移概率矩阵是 P_{ij}，表示为：

$$P_{ij} = \begin{bmatrix} P_{11} & \cdots & P_{1n} \\ \vdots & \cdots & \vdots \\ P_{n1} & \cdots & P_{nn} \end{bmatrix} \quad 0 \leq P_{ij} \leq 1 \text{ 且 } \sum_{j=1}^{n} P_{ij} = 1 \tag{2}$$

2.元胞自动机（CA）

元胞自动机（CA）[18]属于动力学模型，模型可以表示为：

$$S_{(t+1)} = f(S_{(t)}, N) \tag{3}$$

式中（3），S 是元胞离散、有限的状态集合，元胞邻域是 N，t、$t+1$ 为不同时间点，局部空间元胞状态转换规则是 f。

3.精度检验

本文采用 Kappa 系数对土地格局演变预测的精度进行检测。其计算公式为：

$$Kappa = \frac{(P_0 - P_c)}{(P_p - P_c)} \tag{4}$$

式（4）中：正确模拟的比例为P_o；模型随机情况下的正确预测比例为P_c；理想情况下正确预测的比例为P_p。经过IDRISI软件评估，2015年的 *Kappa* 系数为0.9016，印证该模型具有良好的预测效果，预测成果可信。基于此，进一步开展研究区2028年土地格局演变预测。

（三）莫兰指数（Moran's I）

莫兰指数（Moran's I）[19]是研究变量在同一分布区内的观测数据之间潜在的相互依赖的一个重要研究指标，其数学公式可表达为：

$$I = \frac{n}{S_o} \cdot \frac{\sum_{i=1}^{n}\sum_{j=1}^{n}W_{i,j}Z_iZ_j}{\sum_{i=1}^{n}Z_i^2} = \frac{\sum_{i=1}^{n}\sum_{j=1}^{n}W_{i,j}(x_i-\bar{x})(x_j-\bar{x})}{S^2 \cdot \sum_{i=1}^{n}\sum_{j=1}^{n}W_{i,j}} \quad (5)$$

式（5）中z_i和z_j是第i个和第j个聚落斑块数量与平均数量的偏差，x_i是聚落斑块i的数量，x_j是聚落斑块j的数量，$\bar{x}$是聚落平均数量，$W_{i,j}$是聚落斑块i和聚落斑块j之间的空间权重，聚落斑块i和j有空间邻接关系时，$W_{i,j}=1$，否则为0，n为聚落斑块数量，$S_o=\sum_{i=1}^{n}Z_i^2$是所有空间权重的聚合，$S^2 = \frac{1}{n} \cdot \sum_{i=1}^{n}(x_i-\bar{x})^2$，是聚落数量的方差。本文中莫兰指数主要应用于分析聚落整体上的空间分布模式，结果大于0时，聚落斑块之间的空间关系为正相关，整体分布是聚集分布；小于0时聚落斑块间的空间关系为负相关，随机分布。通常将莫兰指数大于0且Z得分超过临界值1.65，P值小于0.01定义为显著的相关。

三、结果与分析

（一）乡村聚落时空演变总体特征

利用ArcGIS10.7软件分别从2000、2005、2010、2015和2018年重庆二级土地利用数据中提取重庆市少数民族区域乡村聚落用地，应用Fragstats4.2景观格局分析软件从数量、规模两方面构建空间格局指标体系，分析重庆市少数民族区域乡村聚落空间演变态势（见图2）。

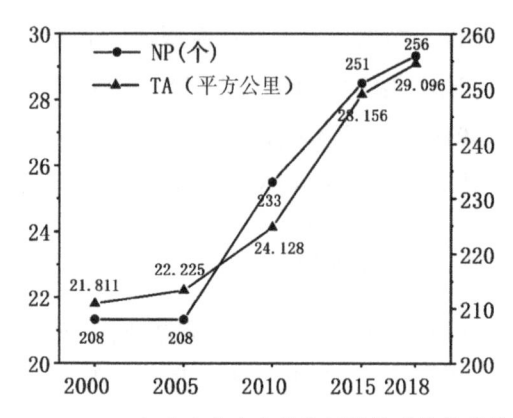

图2　2000—2018年重庆市少数民族区域景观格局指数统计图

2000—2018年重庆市少数民族区域总体变化特征为：乡村聚落斑块数量（NP）和斑块总面积（TA）不断增长，2000年—2015年间，NP增加了48个，斑块面积增加了7.29平方公里，增幅分别为23.08%和33.40%。

运用IDRI-SI Selva软件中的CA-Markov模块，考虑到软件以相同倍数预测效果好，使用重庆市少数民族区域2008和2018年土地利用栅格数据，预测2028年研究区土地利用类型变化并绘制预测图（见图3），以分析乡村聚落的演变规律。

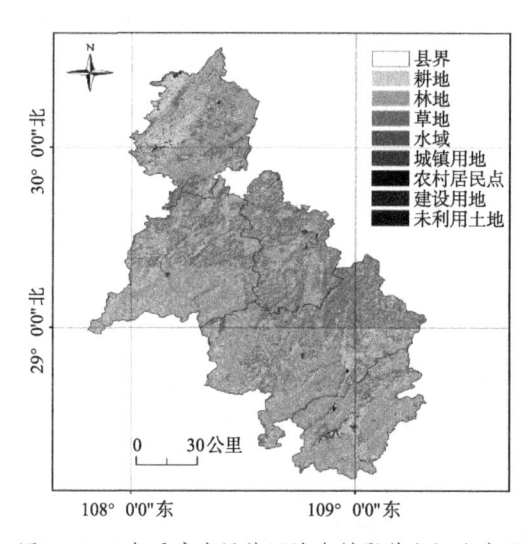

图3　2028年重庆市民族区域乡村聚落空间分布图

（1）2018—2028年，重庆市少数民族区域乡村聚落未发生明显位移，主要以内部扩张为主，局部出现新的零星聚落斑块。（2）石柱县乡村聚落斑块数量和面积变化最明显，由于道路建设以及国家政策支持等原因，该县依托得天独厚的自然地理优势发展特色产业，做强中国黄连之乡和中国辣椒之乡，打造全国康养旅游示范基地[20]，农村经济水平不断提高，人民生活不断改善，居住空间的需求量急剧增加。（3）秀山县斑块破碎化程度加强；由于农业生产条件差，经济基础薄弱，缺乏完整的现代化服务体系，彭水县、酉阳县和黔江区乡村聚落变化不显著。（4）2018—2028年间，0.9999平方公里的乡村聚落转变为耕地、林地、草地和水域，0.0214平方公里的未利用土地转变为乡村聚落；由于人口增加，需要相应的居住空间，部分耕地和未利用土地中的极少部分转变为乡村聚落；在这十年间，政府有关部门将会更加注重生态环境保护，因此耕地、林地、草地和水域等均未发生明显变化（见表1）。

表1 2018—2028年重庆少数民族区域土地利用类型变化

2018年	2028年								
	耕地	林地	草地	水域	城镇用地	农村居民点	其他建设用地	未利用土地	总计
耕地	0.6977	0.1584	0.1409	0.0006	0.0002	0.0020	0.0001		0.9999
林地	0.0881	0.6047	0.3066	0.0004	0.0001	0.0001			1
草地	0.1622	0.1122	0.7244	0.0007	0.0001	0.0004	0.0001		1.0001
水域	0.2406	0.2226	0.0699	0.4601	0.0026	0.0040		0.0003	1.0001
城镇用地	0.1583	0.0272	0.0468	0.0006	0.7671				1
农村居民点	0.2230	0.0447	0.0642	0.0005		0.6675			0.9999
其他建设用地	0.5176	0.1210	0.2228	0.0025	0.0640	0.0012	0.0709		1
未利用土地	0.0214	0.0214	0.0214	0.0214	0.0214	0.0214	0.0214	0.8500	0.9998
总计	2.1089	1.3122	1.597	0.4868	0.8555	0.6966	0.0925	0.8503	

（二）乡村聚落时空分布模式演变

根据CA-Markov模型预测的结果，运用莫兰指数，从空间关联性和空间集聚的角度去分析重庆少数民族区域2000—2028年间乡村聚落时空分布模式的演变规律。结果显示：2000—2018年，重庆民族区域聚落斑块的莫兰指数整体以上升为主要趋势，莫兰指数值均大于0，且Z得分均超过1.65，说明研究区分布模式为空间正相关，相关性显著，整体为聚集分布（见表2）。

表2　2000—2028年重庆民族区域聚落莫兰指数变化

	年份/年	Moran's I 指数：	Z得分
重庆少数民族区域（四县一区）	2000	0.71	33.95
	2005	1.00	39.75
	2010	0.91	36.33
	2018	1.00	36.19
	2028	1.44	37.80

将CA-Markov模型预测所得的2028年聚落斑块数据进行莫兰指数分析可知：2018—2028年间，莫兰指数将会继续增加，达到1.44，Z得分增加1.60，相关性依旧显著。充分说明，重庆少数民族区域到2028年间依旧会延续"大杂居，小聚居"的分布态势。

2000—2018年间，酉阳县莫兰指数值和Z得分整体呈下降趋势，显著性和聚集性减弱（见图4）；石柱县莫兰指数整体变化大致呈"V"字型，Z得分明显增加，显著性加强，聚集性减弱；秀山县莫兰指数呈现缓慢增长的趋势，Z得分变化不显著；彭水县莫兰指数和Z值得分在2000—2005年间快速增加，2005—2018年间波浪式变化，变化趋势不显著；2005—2018年间，黔江区Z得分变化趋势呈现"V"字型，莫兰指数值呈上升趋势，整体上聚集性减弱，显著性增强。

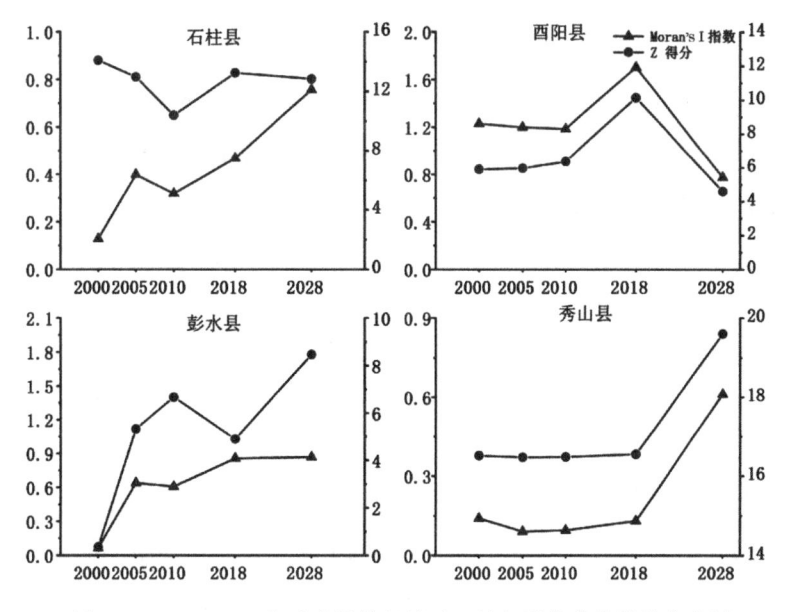

图4 2000—2028年重庆民族区域（四县）聚落莫兰指数变化图

根据预测结果可知：2018—2028年间，酉阳县和黔江区的莫兰I指数值和Z得分将会有下降趋势，显著性和聚集性减弱（见图5）；石柱县莫兰指数值变化不明显，但Z得分将明显增加，显著性明显增强；彭水县莫兰指数值呈现上升趋势，聚集性增强，Z得分变化不显著；秀山县莫兰指数值和Z得分将大幅度增加，聚落聚集程度与显著性明显增强。

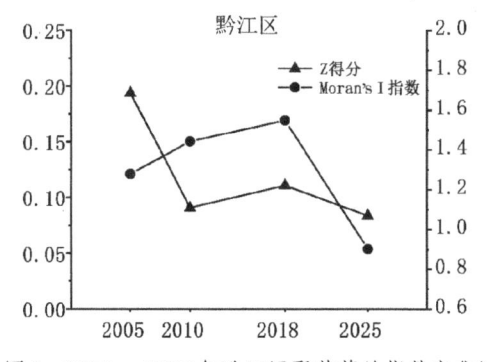

图5 2005—2025年黔江区聚落莫兰指数变化图

（三）乡村聚落保护面临的问题

重庆少数民族区域交通不便，与外界交流困难，经济发展比较缓慢，研究区的生态环境、民俗民风、文化底蕴保存得相对完好。随着城镇化步伐加快，对外交流密切，部分村落追求短期经济效益，造成环境破坏，在外来文化的冲击下，民族文化受到冲击，乡村聚落面临消亡和特色渐失等问题[21]。

1.聚落民族特色渐失

随着城镇化推进，受新农村建设的影响，基于改善交通的目的，许多布局较分散的乡村聚落被集中到地势平坦的地方进行统一规划，经过规划，村容整洁、交通便利，但民居建筑千篇一律，乡土聚落在选址上山水相依的特色渐失[22]。重庆民族地区四县一区中，尤以石柱县乡村聚落时空演变最为明显，随着经济发展，人口的不断增加，居住空间的需求量增加，在扩建的过程中出现"样板村""空心村"的现象，传统特色景观遭到严重破坏。

2.传统民居建筑毁坏

研究区位于重庆市东南部，远离市中心，经济发展相对滞后。部分村民外出务工谋生，房屋被空置，长期无人看管和维护，村里许多年久失修的房屋倒塌，部分公共建筑设施被破坏，部分房屋有较严重的虫害，淋雨后木头易腐烂[23]。秀山县受地形制约，聚落整体布局变化不显著，但聚落景观破碎化程度加深，总体上数量多、规模小以及内部空间布局无序分散，秀山县传统乡村聚落格局遭到破坏（见图6）。

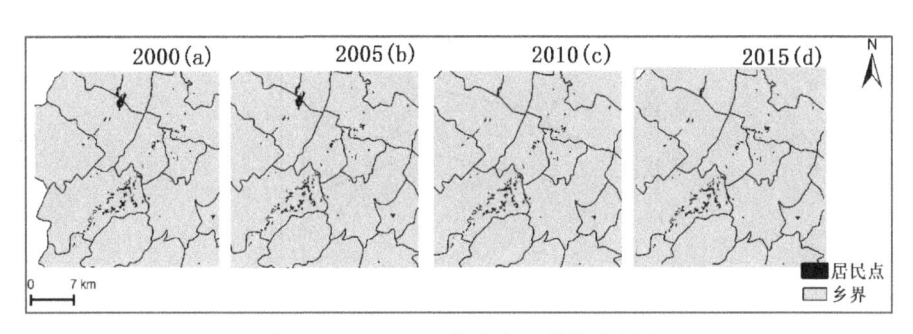

图6 2000—2015年秀山县聚落分布图

3.传统文化受到冲击

随着信息交流频繁，青年村民受新文化影响明显，传统民居无法满足年轻人的需求。部分村民拆旧建新，新建筑的无序建设破坏聚落原有风貌[24]。随着城市化的推进、传统产业结构调整，大量劳动力涌入城镇，造成山地村落人口的数量、结构等发生了变化。村子里只留下了老人、妇女、孩子，同时人们的价值观和家庭观也随之改变，千百年来维持村落发展的传统结构正在解体[25]。

4.生态环境恶化

随着城镇化发展，部分乡村聚落除传统的生产功能以外，乡村功能日趋多样化，如旅游业的出现。为获取经济利益，部分乡村大力发展旅游业，导致大量游客涌入，但因游客的素质参差不齐，当地管理和维护不善，致使环境污染加剧，包括噪声污染、水污染、白色污染和大气污染等，部分乡村承载量超负荷，当地的生态环境遭到严重破坏。另外，部分乡村聚落追求短期经济效益，毁林开荒，对外出售木材，致使森林面积减少，生物多样性锐减，传统乡村景观遭到不可挽回的破坏[26-28]。

（四）聚落保护对策

随着社会发展和乡村振兴战略的深入，农村经济增长速度加快、消费市场繁荣、人民生活水平提高，民族地区乡村聚落布局变化将持续进行，针对上述问题，提出相应保护对策框架（见图7）。

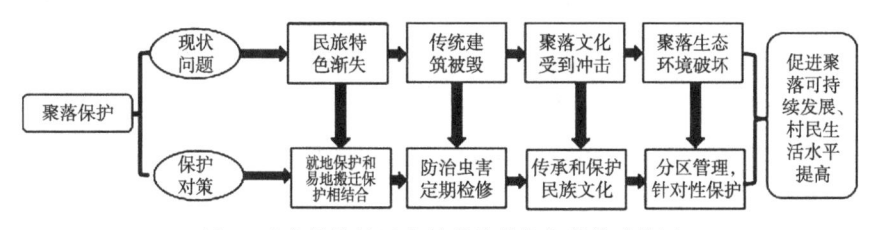

图7 重庆民族地区乡村聚落现状与保护对策图

1. 保护民族特色乡村聚落

实施易地搬迁保护。石柱土家族自治县中益乡坪坝村，散居于平均海拔1000米以上，交通不便，土地贫瘠，群众生活贫困。易地扶贫搬迁后，居民入住精致小楼房，居住条件改善，为推动该地后续发展以及防止后期部分村民不适应居住环境，搬迁后的聚落应尽量利用新址的地形地貌特点，延续村落原有布局和整体风貌，在不破坏生态环境的基础上与当地文化氛围相融合。

实施就地保护。保持乡村生态的多样性，禁止乱砍滥伐，保护植物的多样性，为聚落景观营造良好的绿色背景。对乡村聚落内原有的风水树和景观树，如石柱土家族自治县金铃乡响水村的"通天树"等要给予特别的保护，保证传统聚落景观的延续性。

2. 保护传统民居建筑

石柱土家族自治县内有许多具有民族特色的木结构民居，如土家吊脚楼。对于年久失修的建筑需防治虫害，采用农药和上油并举的措施。在保留原始外观风貌的基础上，对一般历史建筑的近年加建部分，根据实际情况，采取更新改造或拆除措施。对年代久远、损坏严重的木结构建筑和新建现代建筑进行统一整治，在外观上进行风格统一，真实再现传统村落的风貌[29-31]。

3. 民族文化保护和传承

石柱土家族自治县民间艺术独具特色，舞蹈"玩牛"、音乐"土家啰儿调"以及技艺"土家吊脚楼营造"入选《国家级非物质文化遗产代表性项目》，围绕这三项打造文化品牌，成立艺术协会，挖掘其背后的文化内涵和艺术形式，发扬特色传统文化的同时，探索可持续发展的旅游模式，将传统民居文化保护与民居文化特色旅游二者完美结合，如建造民族文化村[32-34]。充分利用当地的各种自然资源与人文资源，使乡村聚落得到全面的发展，使村民的生活质量水平得到提高。

4. 生态环境保护

农村生态安全的保障是乡村振兴战略实施的重要内容。围绕该目标结合民族区域的特点，进行产业结构的调整，走绿色发展道路，推动乡村旅游的可持续发展，持续改善生态环境质量，减少污染物排放量，进一步提升生态系统稳定性，可以把民族区域划分为一般管控、重点管控和优先保护三类区域。如石柱土家族自治县出台政策将该县的国土空间划分为18个环境管控单元（见表3）。

表3 石柱土家族自治县环境管控统计表

类型	数量/个	面积（平方公里）	面积占比/%
优先保护单元	12	1401.44	46.5
重点管控单元	3	226.63	7.52
一般管控单元	3	1385.95	45.98

优先保护单元要开展生态保护修复活动，依法限制或禁止高强度和大规模的城镇建设；保护饮用水安全；保持村落与自然生态环境的充分结合，建设好农业生产区，提高山体绿化覆盖率。重点管控单元必须优化空间布局，提升资源利用效率，要严格限制各种有污染的项目建设，加强污染物环境风险防控和排放控制，解决生态环境风险高和质量不达标等问题。

四、讨论

随着城市化进程的加快和新农村建设的开展，许多乡村聚落得到了极大发展，但经济发展的同时，负面影响也不容小觑。

席梅竹[35]对2020、2025年研究区的土地利用格局进行预测和模拟；王小伦[36]等运用GIS分析2000年、2010年与2020年各地类的分布与变化，并运用CA-Markov模型，预测2030年土地格局的变化趋势；贾语非[37]等运用CA-Markov模型对花溪区未来景观格局进行模拟预测，并且对区域景观格局进行优化。本文除采用上述模型外还加入景观格局指数法和莫兰指数法，从景观尺度对乡村聚落的演变特征进行研究，运用CA-Markov模型对研究区2028年聚落格局分布进行模拟预测，并对研究区乡村聚落空间分布模式的演变进行研究。

牛斌惠[38]等从人文角度分析重庆少数民族区域乡村聚落的演变特征，提出相应保护策略。本文采用ArcGIS空间分析、景观指数法、CA-Markov模型对研究区乡村聚落时空演变特征进行分析和预测，根据预测结果对聚落空间分布模式演变进行研究，进而针对演变过程中出现的问题，提出相应解决策略。牛斌惠重点分析了研究区乡村聚落景观的地域特征，针对景观布局的不足提出改进对策。对比牛斌惠的研究，本文从景观学角度分析其分布特征，并对该区域2028年分布格局进行预测，为研究发展提供理论依据，将存在的问题归为四类，提出相应的解决对策。

本文从景观学的角度对重庆市少数民族区域乡村聚落进行研究，并提出合理化的保护和发展建议，以期在保证乡村聚落蓬勃发展的前提下，其景观地域特征也能够得到保护和发展。受软件限制，预测仅局限于2028年，今后将从不同尺度进行预测研究。

五、结论

通过上述分析，获得如下结论：

（1）2000—2018年重庆市少数民族区域乡村聚落斑块数量和斑块总面积不断增长，聚落斑块主要分布在公路沿线和枢纽处；部分聚落斑块面积在原有基础上不断扩大；由于聚落开发的缘故，传统乡村聚落的景观格局受到影响，破碎化程度不断加深。

（2）2018—2028年间，重庆市少数民族区域乡村聚落未发生明显位移，主要以内部扩张为主，局部出现新的零星聚落斑块。在2028年重庆市少数民族区域乡村聚落面积中，除耕地和未利用土地中的极少部分转变为乡村聚落外，其余均未发生明显变化。

（3）2018—2028年间，重庆市少数民族区域乡村聚落分布模式与莫兰指数呈现正相关，为聚集分布，莫兰I指数将会持续增加，达到1.4，Z得分增加1.60，相关性依旧显著。

（4）聚落景观民族特色渐失，民居建筑千篇一律；不合理的开发利用，导致聚落生态环境遭到严重破坏。

（5）就地保护和易地搬迁可以用于民族区域乡村聚落的保护；应依托当地独特的民族特色建筑和民俗文化开展旅游产业，带动当地经济发展，实现民族区域乡村聚落的可持续发展与保护。

参考文献

[1] 鲁思敏，张莉.1759—1949年天山北麓中部聚落空间演变及其影响因素[J].资源科学，2021，43（5）：954-963.

[2] 唐建军，杨民安，周亮等.高原环湖城镇聚落的景观格局及空间形态演变特征：以滇池为例[J].长江流域资源与环境，2020，29（10）：2274-2284.

[3] 邱应美，角媛梅，杨宇亮，等.哈尼族典型聚落的民居分布格局及其演变机理：以云南省元阳县全福庄中寨为例[J].地域研究与开发，2021，40（05）：44-50，57.

[4] 朱晓翔，朱纪广，乔家君.国内乡村聚落研究进展与展望[J].人文地理，2016，31（1）：33-41.

[5] 张磊，武友德，李君，等.云南环洱海地区农村聚落空间分布变化及特征分析[J].水土保持研究，2016，23（6）：316-321，326.

[6] 余斌，卢燕，曾菊新，等.乡村生活空间研究进展及展望[J].地理科学，2017，7（3）：375-385.

[7] 刘家福，席兰兰，张尧，等.基于CA-Markov与In VEST模型的吉林省生态系统服务价值模拟及预测[J].水土保持通报，2020，40（06）：153-159，329-330.

[8] 幸瑞燊，周启刚.基于Ann-CA-Markov模型的生态空间预测模拟：以重庆市万州区为例[J].生态与农村环境学报，2021，37（06）：740-750.

[9] 陈佳楠, 唐代生, 贾剑波. 基于MCE-CA-Markov模型的森林景观格局演变和模拟预测: 以宁乡市为例[J]. 中南林业科技大学学报, 2021, 41 (09): 127-137.

[10] 罗紫薇, 胡希军, 韦宝婧, 等. 基于多准则CA-Markov模型的城市景观格局演变与预测: 以上杭县城区为例[J]. 经济地理, 2020, 40 (10): 58-66.

[11] 张帅杰. 人文视角下土家族聚落景观形态研究[D]. 重庆: 重庆大学, 2019.

[12] 赵步云. 基于苗岭地貌与景观的保护性村落规划与研究[D]. 贵阳: 贵州大学, 2016.

[13] 刘强, 杨众养, 陈毅青, 等. 基于CA-Markov多情景模拟的海南岛土地利用变化及其生态环境效应[J]. 生态环境学报, 2021, 30 (07): 1522-1531.

[14] 齐丽, 李娜. 新宾县乡村聚落景观格局对于水源涵养的影响[J]. 中国农业资源与区划, 2019, 40 (5): 118-125.

[15] 张晨星, 徐晶晶, 温静, 等. 基于CA-Markov模型和MCE约束的白洋淀流域景观动态研究[J]. 农业资源与环境学报, 2021, 38 (04): 655, 664.

[16] 王天宇, 惠怡安, 师莹, 等. 延河流域景观格局的演变、预测及优化: 以陕西省延长县为例[J]. 水土保持通报, 2020, 40 (06): 130-136, 329.

[17] 武丹, 李欢, 艾宁, 等. 基于CA-Markov的土地利用时空变化与生境质量预测: 以宁夏中部干旱区为例[J]. 中国生态农业学报 (中英文), 2020, 28 (12): 1969-1978.

[18] 王兆林, 牙升业, 蒲海霞, 等. 基于改进CA-Markov模型的山地城市边缘区土地利用变化模拟 (英文)[J]. 农业工程学报, 2020, 36 (16): 239-248.

[19] 何庆港, 蔡海生, 张学玲, 等. 基于景观格局及元胞自动机-马

尔科夫模型的县域生态风险评价：以江西省婺源县为例的实证研究[J].林业经济，2020，42（08）：50-63.

[20] 冯彦明.关于精准扶贫、产业发展与金融支持有机结合的探析：基于对重庆市金融扶贫"石柱模式"的调研[J].农村金融研究，2017（08）：57-62.

[21] 周国华，张汝娇，贺艳华，等.论乡村聚落优化与乡村相对贫困治理[J].地理科学进展，2020，39（06）：902-912.

[22] 李小建，胡雪瑶，史焱文，等.乡村振兴下的聚落研究：来自经济地理学视角[J].地理科学进展，2021，40（01）：3-14.

[23] 王传合.渝东南地区村落的地域类型划分及优化模式研究[D].重庆：重庆师范大学，2017.

[24] 邓巍，胡海艳，杨瑞鑫，等.传统乡村聚落空间的双构特征及保护启示[J].城市规划学刊，2019（06）：101-106.

[25] 付玉洁.乡村振兴战略背景下渝东南传统村落分类与规划策略研究[D].重庆：重庆大学，2019.

[26] 李蓉.景观基础设施视角下城市河流生态修复设计研究[D].苏州：苏州大学，2020.

[27] 王海燕.基于生活质量导向的黄河口地区乡村聚落空间驱动机理与布局优化[D].杭州：浙江大学，2020.

[28] 汤诗旷，谭刚毅.当代视野下的民居传承与聚落保护：中国民居建筑学术研究回望[J].南方建筑，2021（04）：112-117.

[29] 冯维波.渝东南土家族山地传统民居聚落的空间特征探析[J].华中建筑，2014，32（01）：150-153.

[30] 杨馗.山地丘陵区乡村聚落演变特征及格局优化[D].重庆：西南大学，2021.

[31] 冀正欣，许月卿，卢龙辉，等.乡村聚落空间优化研究进展与展望[J].中国土地科学，2021，35（06）：95-104.

[32] 曹福刚.渝东南地区山地传统民居文化的地域性研究[D].重庆：

重庆师范大学，2014.

[33] 曹润，杨朝现，刘勇，等.基于生态保护格局的丘陵山区乡村聚落空间重构策略[J].生态与农村环境学报，2019，35（06）：689-697.

[34] 杨庆媛，毕国华.平行岭谷生态区生态保护修复的思路、模式及配套措施研究：基于重庆市"两江四山"山水林田湖草生态保护修复工程试点[J].生态学报，2019，39（23）：8939-8947.

[35] 席梅竹，赵中秋，吴攀升，等.基于改进CA-Markov模型的滹沱河流域山区段土地利用变化模拟及预测[J].西北林学院学报，2021，36（4）：150-158.

[36] 王小伦，刘雁，张玉，等.基于CA-Markov模型的吉林省西部土地利用/覆被变化研究及预测[J].科学技术与工程，2021，21（19）：7942-7948.

[37] 贾语非，王秀荣.基于CA-Markov模型的贵阳市花溪区景观格局预测及优化[J].西部林业科学，2020，49（06）：118-127.

[38] 牛斌惠.渝东南地区乡村聚落景观的保护与发展研究[D].重庆：西南大学，2012.

含思宛转　情满三峡

——论刘禹锡三峡竹枝词

胡　勇

摘要：竹枝词是三峡民歌中的一枝奇葩，产生于隋唐之际的三峡地区。刘禹锡向民歌学习，对三峡竹枝词进行了革新。他的竹枝词含思宛转，作品呈现了地域之爱，富含三峡地域文化特质。这不仅开创了文人竹枝词的新篇章，而且促进了竹枝词在空间范围的发展。

关键词：民歌；竹枝词；刘禹锡；三峡文学

高峡出平湖，当惊世界殊。三峡，这块神奇而美丽的土地，以独特方式向人们展示着自己崭新的历史风采。三峡是人类的发源地之一，是中华民族文化的摇篮，她的天空诗星高悬，千秋光耀。三峡的一山一石、一滩一水、一草一木都无不为诗情所滋润，闪烁着诗的光彩，涌动着诗的韵律。竹枝词，则是三峡诗廊里一道璀璨的风景。"在唐宋三峡文学作家群中，对'竹枝词'的创造性运用真正进入成熟阶段且产生了深广影响的是刘禹锡"[1]。他的竹枝词泛咏三峡风物，含思宛转，情满三峡，富含地域风味，突出了民歌的一般艺术手法，在形式、手法和题材方面对当时文坛和后来者产生了重要影响。

作者简介：胡勇（1974—），男，四川简阳人，中学语文高级教师，重庆市万州区第三中学校长；研究方向：中学语文教学，中学教育管理。

一

竹枝词是我国古代巴渝地区的民歌。民歌和音乐联系紧密，民歌的音乐部分叫曲调，文学部分叫词或辞，但一般人仍将民歌歌词的文学部分称为民歌。我国南方称民歌为山歌，这大概由于南方地理风貌以山地为主，临高而歌，歌亢声扬。山歌在山中水边产生，面对山水歌唱，唱的是山水，山水是山歌的灵魂。山歌之名称在唐以前就有，白居易《琵琶行》有"岂无山歌与村笛"之句。由李益诗"山歌闻竹枝"可见竹枝词是山歌的一种。那么，竹枝词又是何时何地产生的呢？对此说法不一。一般认为，在隋唐之际竹枝词就在三峡地区产生了。

蔡起福《凄凉古竹枝》云："民歌竹枝可能产生于隋末唐初。隋代的文籍中尚未发现'竹枝歌'（或'竹枝'）的名称。白居易《听芦管》说：'幽咽新芦管，凄凉古竹枝'，足见竹枝词乃古歌。隋代歌谣有一首《绵州巴歌》，其词曰：'豆子山，打瓦鼓。扬平山，撒白雨。下白雨，取龙女。织得绢，二丈五，一半属罗江，一半属玄武'。'巴歌'两字始见于此。竹枝歌或许是它的变体，或者说是它的发展。"[2]由白居易"凄凉古竹枝"一语便足证"竹枝"之调于唐以前已有，本朝之内岂能言"古"？

古代巴楚地涉现在四川、湖北、湖南、重庆四省市，三峡处于四省市地域交接处，长江一脉贯通。共同的地理背景，加之历史上的相互侵征，巴楚人民在生产、生活方式以及文化习俗上必然存在交叉渗透。郭茂倩《乐府诗集》卷八一："竹枝本出巴渝。"苏轼《竹枝歌》引："竹枝本楚声。"如是说，民歌"竹枝"正诞生于"巴山楚水"间。三峡就是竹枝的发祥地。

三峡地区盛产竹，以竹起兴而歌且舞是不足怪的。何况，巴楚人生性能歌善舞。《巴志》说武王伐纣，"巴师勇锐，歌舞以凌殷人"。可见巴渝舞、巴歌在民间流传极广。但是，纵观"竹枝"，独以"哀怨"为基调。而"幽咽新芦管，凄凉古竹枝"，同样可见竹枝悲调十足。这是为什么呢？有人认为"竹枝"之悲与"伤二妃""哀屈原"有关，这从一个方面说明了问题。佐证便是，流传下来最早的文人竹枝词有顾况的一首："帝子苍梧不复归,洞庭叶下荆云飞。巴人夜唱竹枝后,肠断晓猿声渐稀。"另有苏轼《竹枝歌》引、晋张华《博物》卷八可证明。其实,还应该从三峡自然环境的角度来认识、分析。"三峡的自然环境实际上蕴含着两重矛盾的因素:一是壮,一是哀。当我们把这作为一种风景来欣赏时,无疑是美的;当我们生活于其中,把它当作一种生存环境时,则又是悲哀的"[3]。三峡巍巍群山相拥,长江奔突其间,雄壮、幽深、秀丽,游历其间如归自然,怡人自得,爽心悦目,此可谓美;山高路难,水急滩多,三峡人民背负着贫瘠的大山艰难地生息,这山这水便是他们生存的悲哀,此可谓恶也。三峡的自然环境既美又恶,美之可以歌,恶之亦可以叹。"巴山楚水凄凉地"不但表现客观的社会环境,还反映了三峡自然景致所富含的特质。三峡的壮美、幽深就此造就了一批有志、有苦、有怨、有叹的诗人。这种富含哲理思辨的自然环境是竹枝词产生的土壤,"苦怨"悲调便在三峡土地上一代代地传唱。刘禹锡的竹枝词就显然反映了竹枝词"苦怨"的基调,笔者将在第三部分详细论述。

二

谈到三峡竹枝词,自然就要说到刘禹锡。

刘禹锡,字梦得,22岁进士及第,贞元十一年(公元795年)登吏部取士科,授太子校书。当擢升为监察御史时,积极参与王叔文为首的革新运动。王叔文失败,他被贬为连州刺史。10年后,刘禹锡44岁时被召回长安,又因语涉讥刺,被贬谪到播州、连州,后辗转到了三峡西首的夔州。

刘禹锡在连州(唐时属湖南)时就十分注意调查研究,他不是下车伊始就空发议论,而是切切实实地调查这个地区的山川、地形、物产、职贡、气候、疾病等情况。掌握情况是建立政绩的前提,他确实有治绩。《连州刺史厅壁记》里把连州的风物描绘得优美鲜明。在夔州刺史任上,他仍然注意调查研究,"详求利病"。他把调查来的情况,以及相应的道理措施向皇帝奏明，表现出不肯因循守旧、积极革新的精神。这种精神反映在文学上就是自觉学习并改造竹枝词，使刘禹锡创作了不朽的竹枝词。

长期的流贬生活，让诗人受到了民风民俗的熏陶。竹枝民歌在夔州等地广为传唱，诗人被此所打动。民歌的魅力使虽遭贬却保持革新不俗风骨的刘禹锡担当起改造竹枝词的光荣担子。散落在三峡地区的竹枝词终于在"诗豪"的手里得到剪裁滋润翻新，在文坛上吐露芳华。

刘禹锡有名的《竹枝词引》记载了他写作竹枝词的缘由和初衷：

四方之歌，异音而同乐。岁正月，余来建平，里中儿联歌《竹枝》，吹短笛，击鼓以赴节。歌者扬袂睢舞，以曲多为贤。聆其音，中黄钟之羽。其卒章激讦如吴声，虽伧佇不可分，而含思宛转，有《淇奥》之艳。昔屈原居沅湘间，其民迎神，词多鄙陋，乃为作《九歌》，到于今荆楚鼓舞之。故余亦作《竹枝词》九篇，俾善歌者扬之。附于末。后之聆巴渝，知变风之自焉。

这是记叙竹枝词最宝贵的资料，以至于人们一谈起竹枝词，就要引用这篇序文。这篇序文详尽地记叙了竹枝词歌舞乐曲情况及歌词的内容、风格。联唱竹枝词，吹短笛，击鼓来和节拍，唱歌的人边唱边扬起衣袖起舞，以唱得多为好。整个乐曲，符合古黄钟宫的羽调。乐曲的激切好似吴地的民歌，虽然歌曲中含着许多方言俚语，但音乐却十分含蓄、宛转，跟卫国卫歌一样优美。

序中表明，刘禹锡之所以要写竹枝词是受了屈原的影响。屈原谪居沅湘间，看到当地群众迎神，唱的歌词大多鄙陋粗俗，于是他创作了《九歌》，直到刘禹锡的时代，荆楚一带仍流传着《九歌》，击鼓唱舞。于是，诗人仿效屈原创作了竹枝词，想让善歌的人来传播它。刘禹锡写的竹枝词两组十一首，正好与屈原《九歌》的篇数相合。刘禹锡不但精神上追踪屈原，而且在形式上也仿效屈原，故而，应该将这两组诗看作是一个统一的整体。

进一步推究屈原《九歌》和刘禹锡竹枝词的创作环境和目的可以发现：在三峡这块古人类发祥地，景致神秘而风韵独具，造就了中国文学史上第一位伟大诗人屈原，其文与日月争辉。《九歌》本是民间祭神之词，其中也有关于爱情的描写，人神恋爱反映了三峡人民大胆热情追求爱情的气质。三峡竹枝词产生后，在祭祀占卜时，民间亦歌"竹枝"，其原因有二：一是媚神之用。这受了《九歌》的影响。《九歌》是女巫与神的情歌对唱，"以绝色女巫取悦男神的祀神词"，祈求神灵保佑风调雨顺。二是民间祭祀节同时又有群众大型集会娱乐。青年男女在节日时对唱情歌，是恋爱的好机会。

　　总之，《九歌》与竹枝词都有祭神与爱情内容，刘禹锡却略去祭祀神灵的内容，更多地描写农村妇女健康的爱情，记录劳动人民生活和地方风物。这是因为刘禹锡受了朴素唯物论的影响，有哲理著作《天论》为证。《天论》表现的是朴素的唯物主义哲学思想。刘禹锡早在长安任礼部员外郎时，就开始写作《贞符》一文，批判汉代董仲舒的神学迷信思想。在《天论》中刘禹锡提出了"天与人交相胜"的学说，对天人关系作了唯物主义论证，具有朴素辩证法观点。刘禹锡作为无神论者，自然对竹枝词中的祭祀神灵的作用加以摒弃，这也是其唯物主义思想的具体表现，也正由于刘禹锡的倡导改造，竹枝词这株"下里巴人"栽的山花，才得以步入文坛，千秋遍开。

三

　　刘禹锡是唐代第一位大量创作竹枝词的诗人，但杜甫开了文人竹枝词创作的先河[4]。文人竹枝词的创作，根据宋代郭茂倩《乐府诗集》卷八十一"近代曲辞"所辑，竹枝词有二十首：唐顾况一首，唐刘禹锡十一首，唐白居易四首，唐李涉四首，晋孙光宪二首。

　　观刘禹锡十一首竹枝词，前九首是古体诗，后两首是近体诗，全为风土人情之作，然在内容偏向上又有所不同。根据内容不同大致可以分四类：思乡、爱情、政治内容、风土和劳动。根据审美的情感可分为壮美、哀怨两大类。

前九首其一、后二首其二是思乡之作：

白帝城头春草生，白盐山下蜀江清。
南人上来歌一曲，北人莫上动乡情。

楚水巴山江雨多，巴人能唱本乡歌。
今朝北客思归去，回入纥那披绿罗。

前九首其二、四，后二首其一皆是爱情之作：

山桃红花满上头，蜀江春水拍山流。
花红易衰似郎意，水流无限似侬愁。

日出三竿春雾消，江头蜀客驻兰桡。
凭寄狂夫书一纸，家住成都万里桥。

杨柳青青江水平，闻郎江上唱歌声。
东边日出西边雨，道是无晴却有晴。

前九首其六、七、八主要写政治愁绪，亦有爱情怨调：

城西门前滟滪堆，年年波浪不能摧。
懊恼人心不如石，少时东去复西来。

瞿塘嘈嘈十二滩，人言道路古来难。
长恨人心不如水，等闲平地起波澜。

巫峡苍苍烟雨时，清猿啼在最高枝。
个里愁人肠自断，由来不是此声悲。

前九首其三、五、九写三峡人民的劳动、生活及习俗：

江上朱楼新雨晴，瀼西春水縠纹生。
桥东桥西好杨柳，人来人去唱歌行。

两岸山花似雪开，家家春酒满银杯。
昭君坊中多女伴，永安宫外踏青来。

山上层层桃李花，云间烟火是人家。
银钏金钗来负水，长刀短笠去烧畲。

　　思乡、爱情、政治之作总量为八篇，占十一首竹枝词的大部分，皆为"愁""苦""怨"之作。"巴人夜唱竹枝后，肠断晓猿声渐稀"，被认为是第一首标准的文化竹枝词，在这首竹枝词中已显竹枝"苦怨"基调。中唐白居易的诗中多以"苦""怨"来形容竹枝："竹枝苦怨怨何人？夜静山空歇又闻。"刘禹锡善歌竹枝："梦得能唱竹枝，听者愁绝。"可见，竹枝词有哀怨动人、愁绝清凄之特点。刘禹锡这八首竹枝词，饱含"愁""苦""怨"之情愫。

　　前九首其一思乡之作写山绿水清之季，夔州人民登高对唱山歌的娱人场面，其情其景深深打动了旅羁异乡的"北人"。白帝城和白盐山势高对望，夔州人民登高对唱，场面热烈粗犷，感人至深，引得"北人"乡恋萌发，也禁不住加入唱歌的行列；另一方面，当地人民所唱的山歌（竹枝），其调愁绪绵绵，也引动了"北人"的乡情。这首竹枝词为九首之冠，当是刘禹锡到夔州后创作的第一首竹枝词。诗人初来乍到，触景生情勾起了思念故土的情愁。元和十四年（公元819年），刘禹锡之母（河南洛阳人氏）去世，按当时的礼节，刘禹锡亲自护送灵柩到原籍洛阳守丧，一共守了两年。尔后，刘禹锡再到夔州，在这种丧母又遭贬的境遇下，"动乡情"就是自然之事了。后二首其二亦为思乡之作。竹枝歌土生土长，当地的风土民情必于歌中唱之，成为地道的"本乡歌"。"楚水巴山江雨多"就为全诗定下了一个愁化不开的基调。三峡地区，常有江雨困人，令人缠绵悱恻。这时听到愁苦的"巴乡歌"，愁上加愁，"北人"便控制不住背井离乡的情绪。《纥那曲》是北音，刘禹锡曾作《纥那曲二首》。"北人"听到"南人"唱"本乡歌"，不禁触动乡情，也回味起了家乡的《纥那曲》。这两首思乡之作分别位于十一首竹枝词的首尾，起着首尾呼应的作用，可以窥见诗人在整个夔州刺史时期都无不在思念故土。这也正说明，当地竹枝词的魅力和愁人特征。总之，"怎一个愁字了得！"

爱情是文学的母题之一。民歌"竹枝"与其他民歌一样，以爱情为主调。从《诗经》中不朽名篇《关雎》《氓》到《九歌》再到汉乐府民歌都咏唱了爱情的恩恩怨怨、扯不断理还乱的情绪。刘禹锡用竹枝词的形式描写了农村妇女纯洁、健康的爱情，从最下层民众中走出来，用乡民的语言写出伟大的爱情，可谓味悠隽永。"作为三峡诗人应该像刘禹锡那样向民歌学习。学习民歌质朴、生动、直接，具有特殊的艺术魅力"[5]。柏铭久先生还讲述了他一次独去湘西，听到一位老者的唱词：

我走路忘记把脚抬

我吃饭忘记拿筷子

情妹妹啊

我是山里的泡木炭

放在火里不经烧……

这风趣生动的表达，用什么能替代？三峡民歌的爱情唱调简洁质朴。难怪列夫·托尔斯泰曾这样盛赞民间文学："人民自己的文学——这是优美绝伦的。"

刘禹锡竹枝词的爱情之作将三峡人民纯洁、缠绵的爱情表现得令人怦然心动。前九首其二写失恋女子触景生愁,对爱情的细腻体验。郎的一时热烈,尔后,衰退如山桃花落;爱情前途的担忧及曲折令少女愁如不绝江水。诗情景交汇,不见刀斧痕迹,可谓"羚羊挂角"。于此,令人想到《氓》中的忘情男子,《关雎》中的"窈窕淑女",尽显民歌描写爱情的优势。诗中更把爱情引发的情愁与三峡的景物用比兴串在一起,正印证了前述三峡自然景致与竹枝词"苦怨"基调产生的密切联系。前九首其四最见乡民"质直好义"的性格。"狂夫"出自思怨有加的妇女之口,乍看粗俗,却道出她对久出不归丈夫的那种又气又爱的心情。"刀嘴豆腐心",把那种民间妇女的朴素情感刻画得栩栩如生。这种直露的怨又比前者的潜愁更能体现竹枝词原本作为民歌的风格。后二首其一写初恋少女乍信乍疑的矛盾苦恋心情,表现含蓄明快。用双关谐音手法极富匠心,可谓"尽得风流"。这三首爱情主题的竹枝词让人领略了一番三峡地方的情愁怨绪,其间种种如泉清澈汩然,如柳绵绵,如江不绝。刘禹锡《纥那曲二首》其一云:"杨柳郁青青,竹枝无限情,周郎一回顾,听唱纥那声。"可见三峡"竹枝"因物而唱情、情致独特的象征,更见"含思宛转""淇濮之艳"的韵致。

与描写爱情交叉、最能体现刘禹锡夔州上任政治态度的竹枝词乃为其前九首之六、七、八。对这三首竹枝词历来评说不一。821年,刘禹锡星移夔州,其间,除了处理政事外,很少接见宾客,把公余的时间大都用于诗文创作。但是,政治上的失意不可能不在文字间有所反映。劳动人民纯朴、善良的性格和统治阶级的明争暗斗、反复无常,正好形成鲜明的对比。刘禹锡对此有深刻的体会。他在《竹枝词》中借题发挥:

懊恼人心不如石,少时东去复西来。
长恨人心不如水,等闲平地起波澜。
个里愁人肠自断,由来不是此声悲。

这三首诗同样具有"苦怨"基调，即景即事，从眼前三峡景物，写出胸中积愤，寄慨很深，包含了相当丰富的政治内容。"瞿塘""滟滪堆""巫峡"或蕴含行进的艰难或蕴含迷茫困绕的内涵，这与政治场上的失意感受是相一致的。作者观景生情，失意苦怨油然而生。三峡自然景物悲壮的矛盾因素在这三首竹枝词中得到了很好的体现。三首竹枝词亦可被理解为写商妇、愁女的离情别绪。"懊恼人心不如石""长恨人心不如水"以口语化的语言写出民间妇女的心直口快，对忘恩负义男子的抨击。这种理解不应附庸于前一种理解，应该理解为诗人首先写爱情内容，再渗透政治内容于其中，原因在于二者皆有一个"怨"的共性。诗人在竹枝词中寄托政治上的见解和失意遭遇，且让人领略了一番独具内涵的三峡风光。刘禹锡笔下的瞿塘虽美，却"人言道路古来难"；巫峡幽深秀丽，却"清猿啼在最高枝"；滟滪堆年年波浪不能摧，人心却"不如石"。诗人或感叹有小人兴风作浪，或身处幽景凄凉更生，或懊恼人心叵测。这些置于三峡"壮"景中的感受，让人从深层上"哀"于这个社会，反映了作者对中唐统治集团中小人的讽刺心情和对世态炎凉的切身感受。正如后来诗人写到的："巴山楚水凄凉地，二十三年弃置身。"政治上的失意和心情的愁苦显露无遗，表明遭贬后的刘禹锡对世道艰难、人心叵测的深沉慨叹，正反映出三峡自然环境蕴含着两重矛盾的因素：一是壮，一是哀。

从思乡之情到爱情描写再到政治失意感受，都贯穿了"苦""怨"的基调，甚显竹枝词"含思宛转"之特点。富于情感，情感渗入字里行间，情感注入三峡的山水草木，真可谓"情满三峡"。

四

民歌"竹枝"以唱情为主，具有"苦怨"基调，同时又具有鲜明的地方特色，往往与当地的风土人情、风俗习惯密切联系，具有现实主义精神。竹枝词出于三峡，极具三峡特色。前九首其三、五、九是歌唱劳动和风俗的。诗人勾勒了夔州人民生活的基本面貌，这里有繁花似锦的山峦，有碧波荡漾的春水，有令人神往的名胜古迹。这里的劳动人民热爱劳动，也热爱生活，以自己的方式充实自己。他们那热烈的场面、充满激情的歌声，显得多么乐观。写出了女子负水、男子畲田的劳动分工，写出了集日唱歌的场面，写出了踏青的传统习俗……俨然一幅气息浓郁的风俗画。

"桃花""春水""山花"于当地的人民来说再平常不过了，然而，掬入诗中却见韵致，这反映了人民安居乐业、热爱生活的状况。黑格尔《美学》曾说："十七世纪荷兰小画派对现实生活中的各种场景和细节——例如一些很普通的房间、器皿、人物等作这样那样津津有味的描述，表现了荷兰人民对自己日常生活的热情和爱恋，对自己征服自然（海洋）的斗争的肯定和歌颂，因之在平凡中有伟大。"[6]刘禹锡十一首竹枝词的爱情内容和三峡自然景物、风物传达出三峡人民在恶劣自然环境中产生的质朴、勤劳以及征服自然环境的不屈品格。诗人于此也是大加欣赏和讴歌的。三峡人已开始注意自己的生存环境，以顽强的开放姿态向社会和自然作抗争。诗中写到的许多社会情感行为富于积极的开拓意识。以此观照"瞿塘争一门"的气势，不难发现刘禹锡对竹枝词的革新突破意识和三峡人民的开拓意识是一致的，显然其间存在某种必然联系。纵观历代文化名人在三峡的文学创作，我们可以肯定：三峡的一草一木、一滩一水、一山一石都折射出三峡富含的人文精神内涵——开拓开放，并对他们进行陶冶，使他们从中领略了生命的真谛，找到了一种与自然融合的自我生存空间。难怪三峡这片土地会被我们祖先选中，并能世代繁衍生息！

刘禹锡毫不例外地投入三峡的怀抱，被夔州的风物所吸引，以竹枝形式向我们展现一幅色彩斑斓、内容阔大、层次有致的图景。宋代黄庭坚对此十分称赞，说刘禹锡的竹枝词"道风俗而不俚，追古昔而不愧。比之杜子美《夔州歌》，所谓同工而异曲也"[7]。这种题材广泛的歌咏被称为"泛咏"，可以状写山川形胜、物产矿藏、气候特点、岁时节令、生产劳动、生活状况、文物古迹、婚嫁习俗、时装服饰以及特殊的民风民俗等。十一首竹枝词无论是思乡、爱情之作还是政治、劳动风土之作，皆"泛咏"了巴山楚水的风物，具有三峡地域特色。描写的景物层次从植被、山川、气候到人文古迹、风俗习惯，都仿若一幅三峡导游图，引人入胜，把三峡的美丽用最少的语言、最大限度地写了出来，空间阔大，视野广阔，风物诱人。

　　刘禹锡歌咏三峡山川形胜，极能代表三峡地势地貌。北魏郦道元《水经注》中把三峡作为一段神奇险峻的自然景物来吟咏："自三峡七百里中，两岸连山，略无阙处。重岩叠嶂，隐天蔽日……"三峡峡区位于川渝鄂山地，北以神农架等山脉为长江与汉水的分水岭，南以绿葱坡等为长江与清江的分水岭，东至宜昌南津关，西到奉节白帝城，长江东西横切巫山，形成三峡峡谷区，地表呈中山与峡谷状态。由于这里是我国第二地形阶梯向第三地形阶梯下降的过渡区，又是大巴山脉、大娄山脉等的汇集处，所以层峦叠嶂、水流湍急，长江穿行其间约200公里，犹如一柄利斧将这段石灰岩山地分别切出若干大小峡谷，举世闻名的长江三峡即在其中。刘禹锡的《竹枝词》就多处写到山："白盐山""山桃""山上""巴山"。这么多的"山"，客观反映了三峡的山地概貌。杜甫《夔州歌十绝句》其四曾写道："赤甲白盐俱刺天，闾阎缭绕接山巅。"此诗亦对白盐山作了描绘。瞿塘峡入口处，南面是白盐山，北面是赤甲山，两山都很高陡。登白盐山可望见对岸的白帝城，故而前九首其一写对唱时的情形："白帝城头春草生，白盐山下蜀江青。"竹枝词作为山歌存在的土壤便是山。山水相依，三峡地区山多水亦多。除了长江外，还有众多的支流，"众水会涪万"的描写如是。从奉节白帝城至宜昌南津关，就有草堂河、大溪、大宁河、青石溪等支流汇入长江。十一首竹枝词较多写到"江""水""蜀江清""蜀江春水""水流无限""江山""瀼西春水""江头""不如水""波澜""波浪""江水平""楚水"。"蜀江""楚水""江"都指长江。另有，"十二滩""滟滪堆"等景致。诗人以水为比为兴，颇合竹枝词"苦怨"基调。水的流动就像人的愁绪一样不断，水的清澈像纯洁的爱情、乐观的生活，水的波澜犹如小人兴风作浪……山与水的交错泛咏不仅客观反映当地的地理风貌，而且使民歌竹枝词这一艺术形式更具永不褪色的魅力。

　　三峡地区的气候特征在十一首竹枝词中比较全面地反映了出来。三峡地区正处于我国中亚热带温润气候区，地带特点是冬微凉、春夏温热、四季分明。又因受地形作用影响，气候的垂直变化比较明显。十一首竹枝词中季节主要集中在春季："春草生""春水""山花似雪开""春酒""杨柳青青""春雾"等，分明描绘了全景式的春景图。诗人主写春天，一是由于三峡的气候温润，植被常绿，气候很好，这是客观原因；二是由于竹枝词以唱情为主，春季万物复苏，青色遍野，如"情"唱遍，契合了竹枝的风格。我们得到了一个整体印象：三峡的春天很美——山上层层桃花绽开，山花不甘寂寞大胆开放，醇香的春酒飘满江峡人家，拂江杨柳摇曳多姿，绿映江清歌声的迷人情景，踏青归来带着花粉的女子……"朝云暮雨"是对三峡地区一日之内天气变化的高度概括。三峡地区雨多，雾多，一日之内又变化多端，一域之内又多不同。"东边日出西边雨"客观写出了由于地势造成的地势雨，很好烘托了少女乍信乍疑的微妙心境。雾多也是三峡地区气候的显著特点，重庆便有"雾都"之称。"日出三竿春雾消""巫峡苍苍烟雨时"的气候描绘颇能让人产生身临其境之感，青山秀水披上薄雾的迷幻境界，把三峡的古老苍劲、质朴的美感渗透全身。步入三峡，咏唱刘禹锡的竹枝词，人们才会体验到"楚水巴山江雨多"所寄含的乡愁，才会为"巫峡苍苍烟雨时"的政治困绕所感动，亦才会被"水流无限似侬愁"的情感领悟所折服。三峡的水，三峡的雨，三峡的雾仿佛都为竹枝词的短短数百言所涵盖融合，足见刘禹锡的功力和竹枝词的风采。

刘禹锡还大量泛咏花草树木。"春草""山桃""杨柳""山花""桃李花"等在诗中有较多的描写。三峡的一草一木都寄托了无限情思，蕴含了地方风物所折射的精神内涵。"巫峡巫山杨柳多"不仅表明巫峡巫山杨柳多，而且把三峡风物带有的丰富情感和人民热烈追求自由、幸福爱情的气质显现出来了。名胜古迹常能寄托诗人的兴致感慨。刘禹锡在夔州曾作《蜀先主庙》《观八阵图》等文，对刘备、诸葛亮十分推崇。这些作品赞颂了刘备、诸葛亮创立蜀汉政权和恢复统一大业的雄伟气魄，贬斥了昏庸无能以致亡国的刘禅。诗人以蜀汉兴亡的历史告诫当朝统治者，不能走刘禅亡国的老路。在刘禹锡创作的竹枝词中，"白帝城""永安宫""昭君坊"让人步入历史的一幕幕中去感受三峡曾演绎的动人故事，让人在"白帝托孤""昭君出塞"的历史沧桑变迁中去进行深层哲理思辨。历史、人文、风光三者交融在一起，把诗人对政治历史的情感体验婉转地传达出来，也为读者提供了一幅三峡的古迹图像，引人入胜。

文学是人学。人的参与使文学真正具有意义。刘禹锡还大量泛咏了三峡劳动人民的生活、生产、习俗。前面已提到"人来人去唱歌行""永安宫外踏青来"，展现的是一幅安居乐业、热爱生活的场面。但是，刘禹锡生活的中唐时期三峡地区仍比较落后。从"银钏金钗来负水，长刀短笛去烧畲"的劳动分工中便可见一斑。刘禹锡在另一首以劳动为题材的《畲田行》中详细地描写了烧畲的劳动过程。显然，刀耕火种的落后生产方式在三峡延续了相当长的历史时期。颇有悯农之心的大诗人白居易在《南宾郡斋即事寄杨万州》中诗自注说："忠州刺史以下，悉以畲田粟给禄食，以黄绢支给充俸。自古相传，风俗如是。"所谓"畲"，是指一种焚烧田中草木以自肥的耕作方式。大诗人杜甫在《秋日夔府咏怀奉寄郑监李宾客一百韵》中，也曾言及此事："煮井为盐速，烧畲度地偏。"这是古代三峡地区人民艰苦生活的真实写照。据史实，中唐时烧畲山林的原因是由于三峡地区中原移民的增加。唐代玄宗、僖宗的两次入蜀，也曾给三峡地区带来了不少的中原移民。竹枝词中对称的"南人""北人"就证明了中唐时中原北方游子甚多。思乡之作代表了"北人"的普遍心声。无论出于何种目的，或以何种方式移民，客观上也繁荣了三峡地区的经济，促进了三峡与中原地方的交往。从另一首竹枝词"日出三竿春雾消，江头蜀客驻兰桡。凭寄狂夫书一纸，家住成都万里桥"中也可见一斑。夔州的江头有蜀客上下。"狂夫"这位三峡男子又在"成都万里桥"，这种描写泛咏可见中唐时峡内外交流的痕迹。

刘禹锡泛咏的三峡风物使竹枝词的魅力倍显，之后的年代拟作甚多，竹枝词也成为文化交流的使者；同时，三峡也因为竹枝词的流传让许多文人学者向往、吟咏。今天，三峡炙手可热，新时代的风物必定在竹枝词的滋润中更显光华。

五

刘禹锡向乡民学习，在文学史上留下了光辉的名字。刘禹锡的竹枝词从民歌中汲取的养料是很多的。从内容上说，诗对青年男女置封建礼教于不顾大胆用唱歌求爱的方式持明显的欣赏态度，这就是他汲取劳动人民健康、纯洁的爱情以充实作品内容的一个重要例证。题材上，竹枝词的题材比绝句丰富，特别是"泛咏"风土这一点，使它获得了浓厚的三峡色彩，同时也饱含了三峡人文精神特质。艺术风格上，不仅大量使用比兴和谐音双关、重叠回环等民歌常用的艺术手法，而且还把民歌特有的那种清新明丽的语言和悠扬宛转的音节吸入诗中，从而使它达到"道风俗而不俚，追古昔而不愧"的艺术境界。

刘禹锡十一首三峡竹枝词在艺术特点上是十分显著的。竹枝词是拿来唱的，所以要有响亮和谐的韵律。近人有一首论竹枝词的竹枝词这样写道：

虽然说是打油诗，题在诗中匪所思。
话要俏皮声要响，等闲不是竹枝词。

"话要俏皮声要响"，既指语言要有幽默感，寓庄于谐，又指出声要和谐铿锵，读起来朗朗上口，语言生动活泼，而且要思绪流畅、通俗易懂。这虽是指民间竹枝词的风格，但刘禹锡向民间竹枝词学习，便不得不受之影响，反映上述特点于十一首竹枝词中。

比兴手法的大量运用是其又一显著特点。《诗经》中的比兴传统，在民歌中运用最多。李泽厚在谈到比兴时认为："主观情感必须客观化，必然与特定的想象、理解相结合统一，才能构成具有一定普遍必然性的作品，产生相应的感染效果。所谓'比''兴'正是这种情感与想象、理解相结合而得到客观化的具体途径。"前九首其二:"山桃红花满上头,蜀江春水拍山流。花红易衰似郎意,水流无限似侬愁。"看观山桃花,红极一时,联想起情郎一时热烈,但热情很快就衰退;看到蜀江春水曲折无穷,联想起爱情曲折以及爱情前途的担忧,心中无限哀愁。这是多么自然的起兴,又是多么贴切的比喻。这些用于起兴的景物都表明,三峡的一草一木、一滩一水、一山一石无不在刘禹锡的笔下体现出他的想象、理解和情感。蜀江春水的曲折悠长、山花的落红无数、江边杨柳的拂动、峡江烟雨的朦胧等无不是情感表达的最好寄托。

词中还大量运用借代、双关、回环等修辞手段。用"银钏金钗"指代劳动妇女,用"长刀短笠"指劳动男子,一方面具有典型的意义,另一方面反映了劳动人民的劳动状况、服饰文化。谐音双关手法使诗句更加含蓄有味。"东边日出西边雨,道是无晴却有晴。"此句为世人传唱。"晴"谐音"情",把实景与少女微妙的心理变化合在一起,达到了奇妙的效果。同时,还不避重复,有时甚至故意重复,以达到强调突出、音律回环和情韵悠长的目的。如:"桥东桥西好杨柳,人来人去唱歌行"把那种热烈的自由唱歌场面刻画得栩栩如生。"瞿塘嘈嘈十二滩"象声的重叠让人感悟到江突滩险的艰难,令人悚然。

刘禹锡十一首竹枝词通俗易懂,俗中有雅,雅俗共赏,体现文人诗与民歌的结合。诗人在《竹枝词九首序》中说"昔屈原居沉湘间,其民迎神,词多鄙陋,乃为作《九歌》",就体现了诗人向民歌学习的情况。这种"去芜存菁"的结果,便是雅俗共赏。刘禹锡自觉发扬屈原这一创造精神,对民间的三峡竹枝词加以创新,显示了很高的艺术成就。"家住成都万里桥""懊恼人心不如石"这类似乡民口吻,甚能体现竹枝词"打油诗"风貌。于细微处写真实,于平淡中见美词,"词虽俚而意深",便是竹枝词雅俗共赏的整体感受。

六

　　刘禹锡作为中唐时期独立于韩孟、元白两大流派之外的一支异军，其影响虽不及开宗立派、领袖群伦的韩白那样深远，却也由唐至今绵延不绝。刘禹锡的主要成就就是对题材领域的拓展与发掘，对巴蜀风情与风俗的描绘与展示，为其他唐代诗人所不及。他在夔州贬地创作的竹枝词、浪淘沙词等民歌体乐诗，不仅具有形式上的创新意义，而且其取材也是新鲜而又独到的。诗人将巴蜀的特有风情风俗摄入作品中是值得我们注意的。它们不仅是唐诗中的精品，而且成为民俗学研究的珍贵资料。

　　刘禹锡学习民歌变革诗体的业绩，对后代诗人深具启发意义。他创作的竹枝词不仅流播广泛，而且，历代都有仿作、拟作者。从唐代到民国年间有大量的仿作、拟作出现，在此不再赘述。随着国际交往的发展，还出现了描写外国风情的竹枝词。竹枝词从巴山楚水传到祖国各地，又远播海外，这与刘禹锡的贡献是分不开的。所以，我们需要赏读刘禹锡竹枝词所属的三峡文学，并将此置于一个更加阔大的空间架构上才能真正对其影响有一个较为全面的认知。

　　"对三峡文学，我们可以从三个方面加以解释：一是作家以乡土为题材的创作；二是三峡作家的创作；三是三峡内外作家以三峡为题材的创作。"第三种解释着眼于作品本身与三峡的关系。这不仅合乎文学应该以作品为本位的自身特征，还真实反映了三峡内外作家共建三峡文学的历史与现实实际，充分体现了三峡作家队伍构成上的开放性。从古到今，李白、杜甫、白居易、刘禹锡、苏轼、陆游、郭沫若、琼瑶等大批峡外作家，或短期旅居于此，或为匆匆过客，但他们那些以三峡为题材的文学创作，却无不是他们在三峡地区生活与情感体验的艺术结晶，理应视为三峡文学的重要构成。三峡文学这一开放的地域文学体系，包容了民间文学和文人创作两个基本层面，所以，刘禹锡的竹枝词属于文人创作与民歌结合的典范，其影响和作用也更为复杂一些。对刘禹锡的竹枝词中泛咏的一草一木的理解应该进入一种深层次的开掘。三峡雄奇险峻而又荒凉贫瘠，自然景物涵盖壮与哀的矛盾，生存其间的三峡人培育了极为顽强的生命意志、质直好义的美德和恋乡情结，而长江的突势和峡外文化在巴蜀（渝）文化这里不断交融，又使三峡人呼吸峡外来风，承继华夏文化精菁，并养成具有开拓品质的文化心态。竹枝词对爱情的大胆追求，对一草一木的深深眷恋，无不是三峡人独特人文精神的反映，刘禹锡的《竹枝词》不是独立于这种人文精神之外，相反，他承继并发扬这一精神——在文人创作与民歌结合上大胆革新便是体现。

从文人诗作与三峡民歌结合这一角度看，三峡文学的第二次高潮——唐宋三峡文学取得了新的重大成就。无疑，刘禹锡便是促进这一结合的旗手。在唐宋众多三峡作家当中，杜甫、白居易等都曾涉足竹枝词，但真正让"竹枝词"的创造运用进入成熟阶段且产生了深广影响的是刘禹锡。他把乡土中成长起来的山花栽培成登上大雅之堂的盆景，给三峡文学和中国诗歌奉献了崭新的艺术品种，使三峡文学的第二高潮格外引人瞩目。刘禹锡一方面传承了三峡籍作家重视民歌、改造民歌的优秀艺术传统，又在题材、形式、内容方面把三峡文学创作推到了一个新的高度，产生了积极的影响。刘禹锡的三峡竹枝词丰富了中华艺术宝库，也培育了许多积极的富有生机的分子。

刘禹锡的竹枝词既在怎样处理文化创作与民间文学的关系等诸多方面对后人产生了导向作用，又直接推动了竹枝词在更大空间范围内的扩展。以后出现的众多拟作、仿作，包括外国竹枝词，皆因刘禹锡竹枝词的传播，其成就和意义不仅属于三峡文学，而且属于整个中国文学乃至世界文学。刘禹锡的竹枝词在中国文学总体格局中独领风骚，起着引领来者的作用。

滕新才先生曾提出："要发掘旅游文化遗产，组织专人编辑《刘禹锡三峡竹枝词赏析》。"滕先生的提法是对的，更是及时的。而且，对"竹枝词"这一民歌形式还要系统、广泛地研究，收集并加以整理，使三峡文学保持延续性。

唐宋时期竹枝词在三峡一带是相当普及的，街头巷尾，处处可以听见唱竹枝词的歌声，看到唱竹枝的舞蹈。就在竹枝词走出三峡，在九州大地如山花烂漫开放之时，三峡本土的竹枝词却衰落在历史的长河里。后来，虽有一些文人学士吟咏，但都影响不大。

刘禹锡的竹枝词在中国文学总体格局中独领风骚，起着引领来者的作用，随着三峡文化的发展和对外交流的开展，竹枝词也必将为世界上更多的人所了解。

参考文献

[1]陶德宗.三峡文学的三次高潮[C]//四川三峡学院中文系，四川三峡学院三峡文化研究所.三峡文化研究第一集.重庆：重庆大学出版社，1997.

[2]蔡起福.凄凉古竹枝[J].文学遗产，1981（04）：118-123.

[3]王晓初.执着于三峡的追求：论柏铭久的诗[J].三峡学刊，1996（01）：8-14.

[4]蒋先伟.杜甫开文人竹枝词的先河[C]//四川三峡学院中文系，四川三峡学院三峡文化研究所.三峡文化研究第一集.重庆：重庆大学出版社，1997.

[5]柏铭久.作为漂浮的金字塔的诗歌艺术与三峡诗歌随想[J].三峡学刊，1996（01）：15-18.

[6]李泽厚.美的历程：修订彩图版[M].天津：天津社会科学院出版社，2002.

[7]黄庭坚.豫章黄先生文集[M]//四部丛刊初编（第986册）.上海：上海商务印书馆，1919.

三峡库区可持续发展年度研究专题报告（2022）

重庆市民营企业家营商法治环境评价研究

冉东淏

摘要：研究利用问卷调查数据，分析了重庆市民营企业企业家对本区营商法治环境的评价，得到如下研究结论：（1）总体而言，重庆市民营企业家对重庆市民营企业发展营商法治环境评价较好，受访者对审批许可法治、监管执法法治、政务服务法治、营商法律宣传评价"较好"以上的比例分别达到79.1%、75.2%、79.6%、54.6%。（2）但在民营企业家看来也存在以下问题：行政审批耗时耗力、缺乏效率；频繁监管、过度监管、执法方式简单粗暴；行政审批服务标准不统一，"一次办"等政务服务举措落实得不够好；普法宣传方式不接地气。依据上述研究结论，提出了优化重庆市民营企业发展营商环境的措施。

关键词：民营企业家；营商法治环境；营商法治环境评价

一、引言

中国民营企业贡献了50%以上的税收，60%以上的国内生产总值，80%以上的城镇劳动就业，90%以上的企业数量，在促进科技创新、增加就业、改善民生等方面发挥着至关重要的作用。民营企业是民营经济的顶

作者简介：冉东淏（1994—），男，重庆市江津区朱杨镇人民政府职员；研究方向：产业发展与乡村振兴。

梁柱、经济转型升级的生力军、创新创业的主力军、吸纳就业的主渠道。2022年，重庆市民营经济市场主体达到270万户以上，其中民营企业90万户以上，民营经济增加值占GDP比重达到60%左右，上缴税收占全市税收收入65%左右，吸纳的就业人员占全社会就业人员90%左右。全面优化营商环境，促进重庆市民营企业发展，是落实习近平总书记对重庆提出的"两点"定位、"两地""两高"目标的必然要求。

任何企业总是在特定营商环境中开展经营活动的，民营企业也不例外。世界银行把营商环境定义为"企业从开始登记筹建到退出市场的全部环节所面临的外部因素"[1]。这意味着，营商环境包含了市场主体在企业创建、进入市场、从事生产活动、清算关闭等环节中涉及的政务服务、市场监管、司法执法、社会文化等各种外部因素，是直接或间接影响企业经营活动的关键要素[2]。营商环境是保障区域市场主体发展的要素集合（包括政务服务、市场秩序、司法执法、基础硬件设施、资源要素等），是各种正式制度和非正式制度的表征[3]，亦即，营商环境是制约市场主体经营活动的制度集合。而制度的核心在于法治化，因而，营商环境归根结底是营商法治环境，营商环境法治化是营商环境优化的核心[4]。早在十八届三中全会，党中央在《中共中央关于全面深化改革若干重大问题的决定》中提出了"建设法治化营商环境"的决定，十八届五中全会又进一步提出"要形成对外开放新体制，完善法治化、国际化、便利化的营商环境"。根据党中央精神，司法部2018年发布了《关于充分发挥职能作用为民营企业发展营造良好法治环境的意见》，从立法、司法、执法、法律服务和法律宣传5个方面制定了20条细则，着力推进营商法治环境优化。

优化营商法治环境的依据和前提是市场主体对营商法治环境的认知与评价。然而，现有国内外营商环境评价大都是基于客观指标，单纯考察企业在登记注册、行政审批、监管执法环节的时间、费用、程序等状况，普遍欠缺针对性的法治化内容[5]。虽有研究探讨了营商法治环境评价体系，但这些评价指标体系的设计往往欠缺对民营企业家认知的调研基础[3]，其现实针对性如何尚未得到检验。

综上，本文以民营企业家对营商法治环境的评价调研为基础，系统分析重庆市营商法治环境的现状，以期为优化民营企业发展的营商法治环境提供理论依据与实证支持。

二、文献综述

营商环境评价最早可推及世界经济论坛在1979年发布的第一份《全球竞争力报告》。该报告使用制度、基础设施、宏观经济稳定性等12个竞争力因素构成的评价体系衡量国家竞争力[6]。1996年世界银行将法治指数作为"全球治理指数"的一个重要子项进行研究，其内容体系包括政府失职问责、政治政策稳定性、政府履职效能、政府监管质量水平、法治完善性等6个方面[7]。"世界正义工程"项目组根据各国普遍接受的4项法治原则，构建了包含16个一级指标、68个二级指标的法治指数，并根据相应的计算规则算出法治指数得分，对全球多个国家的法治环境进行评价[8]。迄今为止，在国际上获得高度认可、具有广泛影响的营商环境评价体系是世界银行Doing Business小组发布的《营商环境报告》。该报告2003年首次发布时包括5个一级指标，调查覆盖了133个经济体。十多年来，Doing Business小组不断丰富、完善该评价体系，把一级指标扩充到11个，评估的经济体增加到了190多个[4]。

2003年，Doing Business小组发布全球《营商环境报告》后，我国政府对此高度重视，随即对标对表进行"放管服"改革、不断优化营商环境。党的十八届三中全会首次提出建设法治化营商环境。随后，党的十八届五中全会进一步提出建设法治化、国际化、便利化的营商环境。紧随政策导向，我国的营商法治环境研究也渐成热潮。研究的焦点在于构建适合我国国情的营商法治环境评价体系。谢红星[9]认为应立足于企业投融资、生产经营、创新创业，从科学立法、严格执法、公正司法、全民守法等环节入手构建中国场景下的营商法治环境评价体系，并利用爬虫技术做了大数据挖掘分析，构建了包括法规政策制定、市场监管执法、立法司法、社会信用等5个一级指标、19个二级指标和39个三级指标的营商法治环境评价体系。也有研究指出，营商法治环境评价应包括营商法规、行政执法、政商关系以及相关法律服务等内容[10]。冯烨[11]认为营商环境法治化的核心是政府行政的法治化，因此应从市场主体需求出发分析政府的行政法治化程度，并构建了包含市场环境、法律环境、生态环境、软环境4个一级指标、11个二级指标和28个三级指标的营商法治环境评价体系。郑方辉等[5]认为营商法治环境评价体系应包含营商法规制定、营商执法司法、营商守法等3个维度，并据此构建了13个二级指标和50个三级指标的营商法治环境评价体系。

综上，国内外学者对营商法治环境评价体系做了多方面研究，尤其是国内学者针对中国情境的营商法治环境，从立法、司法、执法等维度构建了较为系统的评价体系，为后续研究提供了借鉴。但与此同时，现有研究也还存在以下不足。

第一，现有营商法治环境评价体系研究忽略了市场主体对营商法治环境认知的洞察。如前所述，现有营商法治环境评价体系大多都是基于客观指标设计的，鲜有使用企业家认知指标，存在先天不足[3]。即便是营商法治环境评价体系研究涉及市场主体的认知，为便于量化计算指数得分，也都是采用李克特（Likert）5点计分，这样的量化计分方式损失了市场主体对营商法治环境认知的许多具体信息，不利于深入分析营商法治环境优化的不足。

第二，在营商法治环境评价的内容方面，国外营商环境评价的法治内容往往是隐含在评价指标之中的，缺乏独立的营商法治环境评价指标。而且，国外营商环境评价指标体系是基于西方价值观、法治观构建的，在中国情境下适用性不强，无法恰当评价我国的营商法治环境[12]；国内研究虽然针对中国情境设计了营商法治环境评价指标，但其中的政务服务评价内容欠缺法治化考量。同时，国内外营商法治环境评价体系均缺乏普法宣传方面的内容。

三、营商法治环境评价体系

（一）营商法治环境

公丕潜[13]认为，营商法治环境是市场主体在设立企业、经营管理、执行合同、清算退出等活动中的法治保障，即为市场主体从事经济活动建立的全方位行为规制与法治保障。翁列恩等[14]认为法治化营商环境是一个国家为市场主体开展投资和生产经营活动所提供的一套完善且有效的制度安排，它是市场经济发展到高级阶段的必然结果，具有稳定预期、激发活力及优化政企关系的功能。郑方辉等[5]认为，营商法治环境的核心在于对政府和企业行为进行法治规范，从而为企业营造公正有序、便捷有效、公开透明的营商环境，它是影响市场主体进行经济决策和经济活动的法规、政策集合，其核心在于如何规范政府与市场的关系。Nogal–Meger[15]把营商法治环境定义为影响企业经营活动的法律法规、制度条款、司法裁量规制的集合，从国际视野看，营商法治环境是经营者所面临的法规制定、法规执行以及争端解决机制。Khuong[16]等认为，营商法治环境是包含监管性、便利性和组织性的法律环境，在这样的法治环境中，组织的经营行为直接受法律的调节和控制。上述营商法治环境的不同定义对分析营商法治环境提供了多视角的借鉴。

（二）营商法治环境评价体系

国外的营商环境评价体系，包括世界银行的评价体系，并未直接设立法治环境的评价指标。实际上，由于这些评价体系的设计者们大都根植于西方发达国家相对成熟和完善的法治情境，因此评价体系将法治的内容融于营商环境评价的具体指标中[17]。中国特色社会主义的法制建设仍然处在不断探索的进程中，因此，中国情境下营商环境优化的法治化实践是一项创造性工程。国内学者基于对营商法治环境内涵的不同理解，探索了不同的营商法治环境评价指标体系，这为分析营商法治环境提供了很好的借鉴。

谢红星[9]构建了由法规政策制定环境、行政执法环境、司法环境、信用环境、社会环境5个维度组成的营商法治环境评价体系。郑方辉等[5]设计了营商法制、执法、司法、守法4个一级指标和13个二级指标的营商法治环境评价指标体系。冯烨[11]构建了包含4个一级指标、11个二级指标和28个三级指标的法治化营商环境评价体系，见表1。

表1 现有营商法治环境评价体系研究

指标设置	测量内容	
法规制定环境	涉企法规政策的完备完整性、科学合理性、合法合规性、民主性，涉企法规政策公开性	谢红星（2019）[9]
行政执法环境	行政执法体制、程序、方式、评价与监督	
司法环境	司法审判，判决执行，司法监督，司法服务	
信用环境	商务诚信，政务诚信	
社会环境	治安环境，法律服务，政商关系，文化氛围	
营商法治环境	法规政策体系，法规政策内容，法规政策实效	郑方辉（2019）[5]
营商执法环境	依法规范执法，政府职能履行，行政权力监督，企业权益保障	
营商司法环境	司法公正透明，司法途径有效，法律服务保障情况	
营商守法环境	全民知法守法，企业守法经营，诚信体系建设情况	
市场环境	市场环境，民间投资环境	冯烨（2020）[11]
法律环境	知识产权保护环境，立法保障环境，司法保障环境，执法保障环境	
生态环境	空气环境，水环境，绿地环境	
软环境	社会公平正义环境，简政放权环境	

2018年司法部发布的《关于充分发挥职能作用为民营企业发展营造良好法治环境的意见》[①]（以下简称《意见》），从法律法规的立改废释、公正执法、创新公共法律服务、加大法治宣传力度4个方面制定了20条细则，为本文调研民营企业家的营商法治环境评价提供了完整的框架体系借鉴，见表2。

表2　司法部《意见》内容体系

指标设置	测量内容
法律法规立改废释	完善、健全促进民营经济发展的相关法规，清理不利其发展的法规文件，健全和完善立法工作机制
公正执法	依法保护民企的各种合法权益，坚持公平、公正、规范、文明执法，强化行政执法和司法监督
拓展公共法律服务	强化法律服务平台为民企提供法律服务的功能，积极鼓励法律人员为民企提供法律服务，创新公证服务的内容和方式，健全调解涉企矛盾纠纷的工作程序和机制
加大法治宣传力度	推进法律宣传进民营企业，创新营商环境普法宣传的方式与内容

从已有营商法治环境评价体系的研究成果以及国务院《优化营商环境条例》和司法部《意见》的内容体系可看出，营商法治环境涵盖了以下几方面内容：一是相关法律法规的"立改废释"；二是市场环境与市场主体的法律保护、行政审批许可、监管执法司法；三是政务服务的法治化；四是普法宣传与法律服务。鉴此，本文把营商法治环境解析为审批许可法治、监管执法法治、政务服务法治、普法宣传4个维度，并从这4个维度调研重庆市民营企业家对营商法治环境的评价。

[①] 司法部官网.司法部关于充分发挥职能作用为民营企业发展营造良好法治环境的意见[EB/OL].（2018-11-10）. http://www.moj.gov.cn/pub/sfbgwapp/zwgk/tzggApp/202105/t20210517_395628.html.

四、样本选择与数据收集

(一)调查总体与样本量

本文研究总体为重庆市民营企业,其操作性定义为工商注册的、私有民营(全资或控股,不含国有民营)的有限责任公司,调查对象为企业董事长、总经理和副总经理等高管。调查的抽样框为工商局提供的名录。每家企业调查一人,累计发放问卷350份,回收问卷287份,审核后有效问卷267份,有效回收率达到规定标准。样本结构见表3。

表3 样本结构

变量	类别	人数	所占比例(%)
性别	男	201	75.3
	女	66	24.7
年龄	30岁及以下	52	19.5
	31—40岁	112	42.0
	41—50岁	72	27.0
	51岁及以上	31	11.5
学历	初中及以下	56	21.0
	高中/职高/中专	178	48.7
	专科及以上	33	30.3

(二)问卷设计与测试

按照问卷设计流程,首先,定义问题以及相关概念;其次,通过文献研究界定概念的内涵、外延,并在此基础上进一步对概念进行操作性定义;最后,在深入领会国务院《优化营商环境条例》、司法部《意见》和重庆市人大法制委员会《关于民营企业发展法治环境调查问卷》的内容基础上,采用专家调查法对所有题项进行严谨、细致的内容效度分析,筛选题项、拟定问卷初稿。问卷中所有评价与满意度测量均采用李克特5点计分法。

（三）数据采集

数据采集准备：为充分保证顺利进行调查，一方面，在调查过程中寻求企业所在区县相关职能部门的支持；另一方面，调查前，本研究招募了4名访问员，并对访问员进行了访问培训，让他们了解调查的目的、意义，理解问卷的内容、结构。同时，也提高了访问员语言表达能力和应变能力，使他们能熟练掌握访问不同类型受访者的技巧。培训完成后，让他们做2—3次试访，并就试访中存在的问题对访问员做针对性指导，以此保证访问质量。

五、重庆市民营企业家营商法治环境评价

（一）对审批许可法治的评价

表4统计结果显示，受访者对重庆市营商法治环境总体评价的综合百分比[①]选择"好""较好"的合计占73.2%，认为"一般"的占21.5%，认为"不够好"的占3.0%，见表4。

表4 对营商法治环境的总体评价

		好	较好	一般	不够好	不清楚
综合百分比		24.9	48.3	21.5	3.0	2.3
投资身份	企业投资人	26.1	51.2	16.7	3.6	2.4
	非企业投资人	35.4	37.5	18.8	6.2	2.1
是否从事过与法治有关工作	从事过	22.9	54.2	18.8	4.2	0.0
是否从事过与法治有关工作	没从事过	25.7	47.6	21.4	2.4	2.9

① 综合百分比为选择该项的受访者数除以样本总量。

续表

		好	较好	一般	不够好	不清楚
年龄	30岁以下	60.0	20.0	15.0	0.0	5.0
	31—40岁	25.7	49.3	19.7	3.3	2.0
	41—50岁	16.9	53.2	24.7	3.9	1.3
	51岁及以上	9.1	36.4	45.5	0.0	9.1
文化程度	初中及以下	28.6	28.6	21.4	7.1	14.3
	高中/职高	28.9	43.4	21.1	3.9	2.6
	大学及以上	22.0	53.0	21.4	2.4	1.2

受访者对政府行政审批许可、服务企业发展评价的综合百分比，选择"好"的占26.5%，"较好"的占52.5%，两项合计占79.1%；认为效果"一般"的占15.8%，认为效果"不够好"的占1.2%，回答"不清楚"的占3.9%，见表5。

表5　对行政审批许可、服务农企的评价

		好	较好	一般	不够好	不清楚
综合百分比		26.5	52.5	15.8	1.2	3.9
投资身份	企业投资人	30.5	56.1	12.2	0.0	1.2
	非企业投资人	38.3	40.4	12.8	2.1	6.4
是否从事过与法治有关工作	从事过	27.7	46.8	19.1	2.1	4.3
	没从事过	26.7	53.5	14.9	1.0	4.0
年龄	30岁以下	30.0	60.0	5.0	0.0	5.0
	31—40岁	26.0	56.8	11.0	1.4	4.8
	41—50岁	27.3	45.5	24.7	1.3	1.3
	51岁及以上	18.2	27.3	45.5	0.0	9.1
文化程度	初中及以下	14.3	35.7	28.6	0.0	21.4
文化程度	高中/职高	26.7	56.0	12.0	0.0	5.3
	大学及以上	26.8	52.4	17.1	1.8	1.8

受访者对现行涉企规章和行政规范性文件的合法性、合理性的总体评价，选择"合法且合理"的占70.9%，选择"存在不合法"的占0.4%，选择"合法但存在不合理的情况"的占10.4%，选择"没关注，不清楚"的占18.3%，见表6。在全部受访者中，仅有一人选择了"存在不合法的情况"，但该受访者并没有指出存在哪些不合法文件。受访者中有10.4%的人认为涉农行政法规文件有"合法但存在不合理的情况"，针对该回答的追访记录表明，其中有19.2%的受访者反映了具体情况，主要是：政策落实缺乏具体措施；扶持力度不够；涉农政策法规立法程序有问题。

表6 对行政法规文件的合法性、合理性评价

		合法且合理	存在不合法	合法但存在不合理	没关注不清楚
综合百分比		70.9	0.4	10.4	18.3
投资身份	企业投资人	73.2	0.0	11.0	15.9
	非企业投资人	71.4	2.4	9.5	16.7
是否从事过与法治有关工作	从事过	67.4	0.0	17.4	15.2
	没从事过	71.4	0.5	8.7	19.4
年龄	30岁以下	78.9	0.0	0.0	21.1
	31—40岁	73.1	0.7	6.9	19.3
	41—50岁	71.2	0.0	13.7	15.1
	51岁及以上	40.0	0.0	30.0	30.0
文化程度	初中及以下	63.6	0.0	0.0	36.4
	高中/职高	71.4	0.0	8.6	20.0
	大学及以上	71.3	0.6	11.0	17.1

研究通过题项"针对民营企业的行政审批存在的最突出的问题"来了解民营企业家对行政审批许可法治的评价。结果表明，66.7%的受访者认为行政审批"一次办结"机制落实不够好（比如：反复要求补充材料、窗口部门指导释疑不够好等）。54.8%的受访者认为职能部门内部报批程序

多、时间久、审批效率不够高。访谈结果也进一步表明：民营企业家反映行政审批"存在互为前置审批的情形"，甚至"（项目）都还没有建，办执照怎么提供环评手续？"。显然，简化审批环节，提高审批效率，从而实现审批"一次办结"是营商法治环境优化的当务之急。此外，35.7%的受访者认为审批部门之间、处（科）室之间相互推诿职责，而且在审批收费方面，21.4%的受访者认为相关职能部门指定的第三方服务机构办理相关事项时收费偏高。访谈结果进一步显示：部分民营企业家反映行政审批"收费项目多""主管部门内定立项审批机构，若企业自主选择第三方机构，则推、拖、卡""评估、预算收费较高"。

（二）对监管执法的评价

受访者认为政府相关职能部门的市场监管效果"好""较好"的占75.2%，认为效果"一般"的占16.8%，认为效果"不够好"甚至较差的占3.1%，回答"没关注，不清楚"的占5.0%，见表7。

表7 对监管执法的评价

		效果好	效果较好	一般	效果不够好	没关注不清楚
综合百分比		29.0	46.2	16.8	3.1	5.0
投资身份	企业投资人	29.8	47.6	19.0	0.0	3.6
	非企业投资人	41.7	37.5	12.5	4.2	4.2
是否从事过与法治有关工作	从事过	25.0	56.2	10.4	8.3	0.0
	没从事过	30.9	42.6	18.1	2.0	6.4
年龄	30岁以下	50.0	30.0	10.0	5.0	5.0
年龄	31—40岁	28.9	47.7	14.8	2.7	6.0
	41—50岁	24.7	50.6	18.2	3.9	2.6
	51岁及以上	18.2	18.2	54.5	0.0	9.1

续表

		效果好	效果较好	一般	效果不够好	没关注不清楚
文化程度	初中及以下	28.6	14.3	21.4	0.0	35.7
	高中/职高	33.8	41.9	17.6	1.4	5.4
	大学及以上	25.6	51.2	16.7	4.2	2.4

关于政府执法部门对民营企业的行政执法，总体上是否做到了严格、规范、公正、文明，受访者选择"绝大多数能做到"的占41.8%，选择"大多数做到"的占43.3%，两项合计占85.1%。认为"基本做到"的占10.7%，认为"大多数没做到"的占0.4%，回答"没关注，不清楚"的占3.8%，见表8。

表8 对行政执法严格、规范、公正、文明性评价

		绝大多数能做到	大多数做到	基本做到	大多数没做到	没关注不清楚
综合百分比		41.8	43.3	10.7	0.4	3.8
投资身份	企业投资人	45.2	44.0	9.5	0.0	1.2
	非企业投资人	54.3	32.6	6.5	0.0	6.5
是否从事过与法治有关工作	从事过	43.8	43.8	6.2	0.0	6.2
	没从事过	40.9	43.3	11.8	0.5	3.4
年龄	30岁以下	50.0	40.0	5.0	0.0	5.0
	31—40岁	46.7	38.7	9.3	0.7	4.7
	41—50岁	32.9	50.0	15.8	0.0	1.3
	51岁及以上	27.3	54.5	9.1	0.0	9.1
文化程度	初中及以下	46.2	23.1	7.7	0.0	23.1
文化程度	高中/职高	36.8	46.1	13.2	0.0	3.9
文化程度	大学及以上	42.8	44.0	10.2	0.6	2.4

对民营企业的监管存在哪些突出问题？统计结果表明，45.0%的受访者认为监管过于频繁，影响企业正常生产。可见，频繁监管、过度监管是执法监管最为突出的问题。同时，35.0%的受访者认为存在人情监管、选择性执法。38.3%的受访者认为建立企业信任体系、实施守信联合激励和失信联合惩戒机制的效果不够理想。人情监管、选择性执法会极大伤害市场主体的权益，直接危害营商环境的公平、公正性。而健全的社会信用体系则是公平公正营商环境的重要基础。33.3%的受访者认为对限制竞争和不正当竞争活动的查处不力。尤其值得注意的是，尽管只有28.3%的受访者认为监管执法存在消极监管、放任违法经营的现象，但消极监管、放任违法经营对营商环境的损害是无法估量的，该问题的严重性应该受到足够重视。

（三）对政务服务法治的评价

对政府执法部门依法履职，合法、合规政务服务的评价，受访者选择"绝大多数能做到"的占39.5%，"大多数做到"的占40.1%，两项合计占79.6%；认为"基本做到"的占15.7%，认为"大多数没做到"的占0.9%，回答"没关注，不清楚"的占3.8%，见表9。

表9　对政府依法履职、合法合规政务服务的评价

		绝大多数能做到	大多数做到	基本做到	大多数没做到	没关注不清楚
综合百分比		39.5	40.1	15.7	0.9	3.8
投资身份	企业投资人	42.2	42.0	12.5	2.0	1.2
投资身份	非企业投资人	51.3	31.6	7.5	0.3	3.2
是否从事过与法治有关工作	从事过	40.8	41.8	11.2	0.0	6.2
是否从事过与法治有关工作	没从事过	38.9	41.3	13.8	2.8	3.1
年龄	30岁以下	49.0	38.0	8.0	0.0	5.0
年龄	31—40岁	44.7	35.7	12.3	2.9	4.5

续表

		绝大多数能做到	大多数做到	基本做到	大多数没做到	没关注不清楚
年龄	41—50岁	31.9	48.0	18.9	0.0	1.2
	51岁及以上	26.3	50.5	10.2	4.0	9.0
文化程度	初中及以下	43.2	24.1	12.7	0.0	20.1
	高中/职高	35.8	44.1	14.2	0.7	5.2
	大学及以上	40.8	42.0	12.2	2.9	2.1

研究通过"民营企业办事难的最主要原因""政务服务举措有哪些落实不够好的情形""改进政府工作人员依法履职，服务民营企业发展需加强的方面"等调查政务服务存在的问题。关于民营企业办事难的主要原因，61.9%的受访者认为主要是部门之间存在信息孤岛，要求企业反复提交相关材料。54.5%的受访者认为行政审批服务不够便利化，标准不统一。此外，约22%的受访者认为违法设置行政审批项目（如将备案变为审批等），市级层面放责不放权的情形比较突出，存在不合理证明、循环证明、重复证明等现象。

有关行政审批和政务服务举措落实不够好的情形，60.6%的受访者认为"一次办"落实不够好。48.6%的受访者认为"马上办"落实不够好。36.7%的受访者认为"网上办"落实不够好。28.4%的受访者认为"就近办"落实不够好。

关于改进政府工作人员依法履职、服务民营企业发展，还需加强哪些方面的工作，74.0%的受访者认为政府工作人员需加强业务能力、提高执法水平。67.3%的受访者认为需改进工作作风（如担当意识、责任意识、工作态度、工作效率）。64.2%的受访者认为需加强法治意识、法治思维。57.9%的受访者认为需诚实守信、依法办事。此外，还有32.3%的受访者认为政府部门负责人的法治意识有待加强，依法行政水平有待提高。可见，政府工作人员改进依法履职，首要的是增强法治意识，提升自身法治素养。

（四）对普法宣传的评价

对营商环境普法宣传力度的评价，认为普法宣传力度"很大"的占16.5%，"较大"的占38.1%，选择"一般"的占34.6%，认为"力度小"占6.2%，选择"没关注，不清楚"的占4.6%，见表10。由此可见，在营商法治环境的普法宣传方面，政府部门做得还不尽如人意。营商环境的普法宣传不但是促进相关法律法规公开透明化的手段，而且还是监督执法人员合规执法的手段。此外，营商法治环境普法宣传也有助于建立亲清的政商关系。

表10　对普法宣传的评价

		力度很大	力度较大	一般	力度小	没关注不清楚
综合百分比		16.5	38.1	34.6	6.2	4.6
投资身份	企业投入	18.3	36.6	34.1	9.8	1.2
	非企业投资人	23.4	36.2	27.7	6.4	6.4
是否从事过与法治有关工作	从事过	17.0	40.4	38.3	2.1	2.1
	没从事过	17.2	37.3	33.3	6.9	5.4
年龄	30岁以下	25.0	35.0	35.0	0.0	5.0
	31—40岁	16.6	43.7	26.5	8.6	4.6
	41—50岁	16.0	30.7	49.3	1.3	2.7
	51岁及以上	0.0	30.0	30.0	20.0	20.0
文化程度	初中及以下	21.4	14.3	28.6	7.1	28.6
	高中/职高	20.3	40.5	28.4	4.1	6.8
	大学及以上	14.5	38.6	38.0	7.2	1.8

在被问及"政府职能部门通过开展普法宣传，帮助民营企业增强抵御市场风险的法治能力，需要进一步加强和改进哪些工作"时，76.6%的受访者认为普法宣传内容要有针对性，要符合民营企业的现实需求。62.4%

的受访者认为普法宣传方式需要接地气，让受众喜闻乐见。56.9%的受访者认为需多开展送法进企业、送法进商会、以案说法等活动。55.3%的受访者认为普法宣传工作要更加常态化、广泛化。49.2%的受访者认为宣传对象既要包括企业经营管理人员，也要包括普通员工。46.7%的受访者认为要加大"谁执法、谁普法"责任制落实力度。可见，展开有针对性、常态化的营商环境普法宣传是重庆市民营企业家的强烈共识。

六、优化重庆市营商法治环境的政策建议

（一）研究结论

本文从审批许可法治、监管执法法治、政务服务法治、普法宣传4个维度研究重庆市民营企业家对营商法治环境的评价，得到以下研究结论：

（1）行政许可评价。重庆市民营企业家对行政许可法治评价为"较好"以上的比例达到79.1%。虽如此，民营企业家认为重庆市市场准入门槛有差别、存在较多进入壁垒；认为行政审批"一次办结"机制落实不够好，职能管理部门行政审批存在繁文缛节、耗时耗力，审批效率不够高，审批部门之间相互踢皮球推诿职责。

（2）监管执法评价。重庆市民营企业家对监管、执法评价为"较好"以上的比例达到75.2%。尽管如此，民营企业家认为市场监管、执法最突出的问题是频繁监管、过度监管，执法方式简单粗暴，同时存在人情监管、选择性执法等执法不公现象；企业家的平等合法权益保护不够；公正监管、高效监管、审慎监管欠缺；实施守信联合激励和失信联合惩戒机制的效果不够理想，对限制竞争和不正当竞争活动查处不力；涉农企业政策"落地难"的原因主要是相关政策"干货"不多、不接地气，政出多门，各管一段，制定文件时未进行充分沟通协调，政策清单未公开。为此，认为政府应保护民营企业的平等地位，严厉惩处危害市场主体合法权益、打乱企业经营秩序的违法活动，审慎把握涉农企业经济纠纷与违法犯罪的界

限，职能部门应依法积极开展指导和服务工作，畅通民营企业家的诉求渠道。

（3）政务服务评价。重庆市民营企业家对政务服务评价为"较好"以上的比例达到了79.6%。尽管这样，民营企业家认为政府职能转变尚有差距，重审批、轻服务，对市场干预过度；民营企业家认为办事难的主要原因是部门之间存在信息孤岛，要求企业反复提交相关材料，行政审批服务便利化不够，标准不统一，"一次办"等政务服务举措落实得不够好。为此，认为需强化执法人员的法治理念，不断提高其专业能力、司法执法水平，并且做到诚实守信、依法办事。

（4）普法宣传评价。重庆市民营企业家对营商环境普法宣传评价为"较好"以上比例达到了54.6%。虽如此，民营企业家认为普法宣传的内容要有针对性，要符合民营企业的现实需求；而且普法宣传方式要接地气，让受众喜闻乐见，可多开展送法进企业、送法进商会、以案说法等活动；普法宣传工作要更加常态化、广泛化；要加大"谁执法、谁普法"责任制落实力度。

（二）政策建议

依据上述调研结论，本文对优化重庆市营商法治环境提出以下建议。

（1）构建"三位一体"营商法治环境优化的管理主体。构建由人大、政协、民营企业三方组成的营商法治环境优化统筹管理主体。民营企业应该成为营商环境优化的积极主动的参与者，民营企业家应充分发表营商环境优化的真知灼见、充分表达急迫诉求。这样，凝聚三方力量，以人大为主导、政协和企业协作，形成营商法治环境优化的管理主体。

（2）清理、解决涉及民企的重大经济积案，催生营商法治环境优化的社会源动力。建议由三方统筹管理主体牵头，党政首脑督查，切实清理、解决一些涉及民企的重大经济积案，以此正本清源，营造亲清政商关系和风清气正的营商法治环境氛围，提振民营企业家信心，催生营商法治环境优化的社会源动力。

（3）深化"放管服"，系统优化营商法治环境。一是借深化"放管服"改革创新试点的机遇，积极推进行政许可、投资项目审批制度改革，积极探索审批权下放的新模式，减少审批事项、简化审批流程与环节。二是建立多部门联动的并联审批制度、试行行政审批的告知性备案管理模式。三是对合法合规，条件具备，且能够办理的审批项目，审批部门应限时办理；对合法合规，而又暂时无法获批的项目，审批部门应积极协助、指导企业完备相应要件；依据相关法律法规确实不能审批的项目，审批部门应给予耐心的解释和说明。

（4）依法保护民营企业的市场主体地位。充分发挥三方管理主体的作用和互联网信息平台的功能，畅通、健全民营企业投诉、举报渠道，建立系统的部门营商环境考核指标，对违法监管、人情执法的责任人对标对表严肃处理。

（5）健全执法公示制度，促进公正执法、透明执法。一是各执法部门对执法过程进行全程记录，并对执法过程和结果进行公示。对重大行政执法裁决实行"三项制度"审核，通过这些措施增强行政执法工作的法治化、规范化、透明化；二是全面推行"双随机、一公开"的监管方式，纪检部门应针对执法人员知法违法、执法违法以及人情监管、选择执法、执法不公、暗箱操作等行为开通举报直通车，以此规范其执法行为，推动阳光执法。

（6）加强对营商法治环境的普法宣传。一是政府应充分利用互联网尤其是移动互联网构建营商法治环境宣传平台，采取生动活泼的方式广泛宣传相关法律法规；二是增强民营企业家的法律意识和法律素质，不断提升其依法经营、依法维权、依法办事、依法管理的水平；三是利用线上线下渠道，汇集政府管理部门人员、法律从业人员为民营企业提供法律咨询服务。

参考文献

[1] 张三保，康璧成，张志学. 中国省份营商环境评价：指标体系与量

化分析[J]. 经济管理, 2020, 42（4）: 5-19.

[2] 于文超, 梁平汉. 不确定性、营商环境与民营企业经营活力[J]. 中国工业经济, 2019, 35（11）: 136-154.

[3] 娄成武, 张国勇. 基于市场主体主观感知的营商环境评估框架构建：兼评世界银行营商环境评估模式[J]. 当代经济管理, 2018, 40（3）: 60-68.

[4] 曲宁. 世界银行《营商环境报告》梳理及中国营商环境述评[J]. 商场现代化, 2019, 43（13）: 9-10.

[5] 郑方辉, 王正, 魏红征. 营商法治环境指数：评价体系与广东实证[J]. 广东社会科学, 2019, 36（5）: 214-223, 256.

[6] SCHWAB K. The global competitiveness report 2010–2011[C]. World Economic Forum Geneva, 2010.

[7] DASSAH M. Comparisons of the worldwide governance indicators as a tool for measuring governance quality with the Mo Ibrahim index of African Governance[J]. Journal of public administration, 2015, 50（4）: 715-726.

[8] AGRAST M, BUČAR B, GALIČ A, et al. The world justice project rule of law index: 2012-2013[M]. Univerza V Mariboru, Pravna Fakulteta, 2013.

[9] 谢红星. 营商法治环境的大数据监测、评价与剖析：基于江西11个设区市的数据[J]. 兰州学刊, 2021, 42（1）: 106-122.

[10] 袁莉. 营商法治环境评价内容与标准：基于推动民营经济高质量发展的视角[J]. 西南民族大学学报（人文社科版）, 2020, 41（10）: 98-103.

[11] 冯烨. 法治化营商环境评估指标体系构建[J]. 理论探索, 2020, 37（2）: 120-128.

[12] 刘智勇, 魏丽丽. 我国营商环境建设研究综述：发展轨迹、主要成果与未来方向[J]. 当代经济管理, 2020, 27（2）: 22-27.

[13] 公丕潜. 营商环境的法治意涵与优化路径：以《黑龙江省优化营

商环境条例》为参照[J].哈尔滨商业大学学报（社会科学版），2020，36（4）：121-128.

[14] 翁列恩，齐胤植，李浩.我国法治化营商环境建设的问题与优化路径[J].中共天津市委党校学报，2021，28（1）：72-78.

[15] NOGAL-MEGER P. The quality of business legal environment and its relation with business freedom[J]. International journal of contemporary management, 2018, 17（2）：67-79.

[16] MASLOVA S V. Development of the public-private partnership conception in the international legal environment[J].Political science, 2020, 11（4）：950-971

[17] 谢红星.法治化营商环境的证成、评价与进路：从理论逻辑到制度展开[J].学习与实践，2019，26（11）：36-46.

万州烤鱼溯源与产业发展研究

龚阅晨　李　虎

摘要： 万州烤鱼是地方特色美食，考古发现已有2500余年历史，其文化内涵丰富。在践行"大食物观"的背景下，对特色美食产业发展进行研究意义重大。通过对万州烤鱼进行研究，提出推动产业高质量发展的具体措施，从而更好地满足人民对美好生活的需要。

关键词： 特色美食；万州烤鱼；文化溯源；产业发展

万州烤鱼是一张美食名片，深受众多食客的喜爱。2018年，中国烹饪协会授予万州"中国烤鱼之乡"的称号，肯定了万州烤鱼为城市发展创造的价值。习近平总书记强调："我们要积极推进文物保护利用和文化遗产保护传承，挖掘文物和文化遗产的多重价值。"[1]

近年来，万州烤鱼虽然在国内各城市逐渐产生影响力，但相关研究仍非常有限，且缺乏深度。现有研究主要从万州烤鱼的基本情况[2]、万州烤鱼调味料的技术[3]、万州烤鱼工业化生产现状[4]、万州烤鱼故事在装饰绘画中的设计应用[5]等视角进行介绍和分析，缺乏对万州烤鱼的历史挖掘和深层次探讨。本文通过对考古报告等资料的梳理，就万州烤鱼进行文化溯源，并提出万州烤鱼实现产业高质量发展的思路。

作者简介：龚阅晨（2001—），男，重庆万州人，甘肃农业大学本科生，主要研究方向为区域食品文化；李虎（1982—），男，广西马山人，人类学博士，三峡大学民族学院教授，硕士生导师，主要研究方向为三峡民俗文化。

一、万州烤鱼的历史起源

茹毛饮血,是人类最早的饮食方式。人类在掌握用火取火技术后,便开始了熟食时代。《礼记·礼运》记载:"以炮以燔,以烹以炙,以为醴酪。"这是烹饪发明后最初的情形。烤,是中国最早的烹饪方式之一。万州烤鱼起源于何时?古籍中关于万州的记载较少,但长江三峡文物保护考古工程的丰硕成果,为本研究提供了第一手有价值的资料。

(一)烧烤遗址

麻柳沱遗址,位于今万州区武陵镇,1998年出土的一座东周时期双间式房屋中,发现有灶坑。上海大学文物考古研究中心、万州区文物管理所撰写的《万州麻柳沱遗址发掘报告》记载:"灶坑内有两块竖起的规整石块以及一小堆平放迭起的陶片,周围围有烧骨、大量的黏附着鱼骨和夹杂着动物骨头及炭屑的陶片。"[6]房屋外,还发现一地面夹杂着兽骨、兽牙等,被认为是当时用来肢解和切割猎物及家畜的场所。研究者认为,"动物骨骼多与陶器、石块同出,有些有烧烤痕迹,种类有鱼、猪、牛、鹿、獐等"[7]。这一距今2500余年的生活场景和相关实物的出土,呈现了古人的饮食文化,也证实万州境内早在东周就已经有烤鱼的雏形。

(二)烧烤用具

铁钎,是古人烧烤的用具。柑子梁墓群,位于今万州区武陵镇,出土的东汉铁钎"锈蚀严重,环形柄残,通长23.5厘米、径0.5—1厘米"[8],其中尾部有环柄的细节非常值得考究,既突出了实际用途,又体现了设计精巧,与今天烤串的铁钎非常相似。这一用具的出土,也佐证早在东汉时期,万州即已流行烧烤食物,这让我们对古代文明有了更多认识。同时,该遗址还出土刻有鱼图案的池塘、井、灶台等陶器。鱼文化符号大量出现在遗存中,反映出古人生活与鱼有着特别密切的关系。尽管不能由此机械地推断当时烤鱼已经盛行,但无疑这一时期烤鱼已进入人们的生活。

"寻找和生产食品一直是人类生存和历史文化演进的中心"[9]。特色美食的起源、发展、成熟是一个复杂而长期的过程。万州烤鱼20多年来的流行和传播,则是经济社会快速发展,食物结构发生变化,人民群众日益多元化的美食消费需求的直接体现。那些能够流传下去的巴蜀江湖菜,正是接巴蜀大地的地气而又兼采天下新意创意得来的[10]。"食无定味,适口者珍"。作为一个菜品,万州烤鱼的食材、技艺、流程、用料等一直在不断变革创新。可以说明的是:从起源到现在,跨越2500余年历史,无论怎样发展,万州烤鱼既能从烹饪方式、口感特征方面能找到一些影子,也能从人们对鱼的美食痴爱、爱好食用活鲜等方面找到一些根脉。文物和文化遗产承载着中华民族的基因和血脉,通过考古学的发现,万州烤鱼的起源有了更为可靠的依据,这对于万州烤鱼美食文化和美食产业均具有重要参考价值。

二、万州烤鱼的文化积淀

烤鱼在万州起源并得到发展壮大,与其自身具有的独特而丰富的鱼文化不无关系。挖掘研究万州鱼文化,解读万州烤鱼的文化内涵支撑,从而增强文化自信,加快转化利用,释放文化活力,将有效助推万州烤鱼实现高质量发展。

(一)"鱼"地名钩沉

西魏废帝元年(公元552年),今天的万州名为鱼泉县。北宋乐史《太平寰宇记》记载,"分朐䏰之地置鱼泉县,以地土多泉,民赖鱼罟为名";南宋王象之《舆地纪胜》记载,"民赖鱼罟为名";明曹学佺《蜀中广记》记载,"(鱼泉县)以丙穴嘉鱼为名。《寻江源记》云,丙穴有嘉鱼,其味甚美"。鱼泉县已成为记忆,但这一地名,蕴含着丰富的鱼文化信息,"多泉""嘉鱼""味甚美"等描述生动地反映了特定的自然和人文环境;"民赖鱼罟",即人们主要以捕鱼为生。鱼泉县得名,这是万州鱼文化最好的注脚。

（二）"鱼"生产活动

"蚕、桑、麻、苎，鱼、盐、铜、铁……皆纳贡之"[11]，鱼是巴向周进贡的贡品；汉代，巴郡属县各有水官，负责水利渔罟。有官员提出要分治巴郡时认为，"各有桑麻、丹漆、布帛、鱼池、盐铁，足相供给"[12]。万州及其周边一带，鱼的品质好，供给也较为充足，渔业成为人们的重要生产活动。北魏郦道元《水经注·三峡》有"故渔者歌曰"，北宋王周《过武宁县》有"晚来何处宿，一笛起渔歌"，表现了渔人的社会文化场景。

万州处于四川盆地东沿，特殊的山地丘陵地形，造就了丰富的水资源条件，故有"众水会涪万"之称。北宋时，黄庭坚过万州，留下脍炙人口的《西山题记》，称誉"林泉之胜，莫与南浦争长者也"，可见在峡江地带中万州山水独具魅力。人们在尊重自然、保护自然的同时，还逐渐注重对水资源的开发利用。万州武陵墓地、大坪墓地等出土有多件模型明器陶池塘，其年代最早可迄东汉，堆塑造型中有鱼、甲鱼、田螺等图案，这说明，利用池塘人工养鱼已成为古人的农业生产方式。又据《西山题记》所言"水泉潴为大湖，亭榭环之"，在当时的城西半山上，即开挖引水修筑了大塘一口。"万临大江，多溪河，里甲堰塘之数不可胜计"，在清同治《万县志》的记载中，万州已是鱼米之乡。良好的水资源条件，为渔业生产提供了便利。

众多考古成果，则更直观地印证了万州丰富的渔业生产活动。分布在万州区长江南北两岸的中坝子（位于今万州区小周镇）、黄柏溪（位于今万州区黄柏乡）、苏和坪（位于今万州区陈家坝街道）、麻柳沱、黄陵嘴（位于今万州区高峰镇街道）等遗址，出土有大量新石器时代以及夏商周时期的陶网坠、铜鱼钩、鱼骨等文物。人们既用渔网捕捞，也用鱼钩垂钓。"鱼钩，保存完整，铜质如新。上部一端有一周凹槽可系线，钩端有倒刺，锋利，通长1.9厘米"[13]。更加多样化的工具，为捕鱼活动提供了便利。宋代时，在万州开发的农林副业产品中包括"金、白胶、蠲纸、苦药子（木药子）、鱼"[14]，鱼是十分重要的商品。直至明清，近江者半为渔，明正德《夔州府志》卷一记载："（万州）渔樵耕牧，好唱竹枝歌"；在发掘的麻柳沱遗址清代层位中，一次性出土石网坠达900余件，未见谷物种子。这说明渔猎经济仍然在人们的生活中占有重要地位[15]。

中华人民共和国成立初期，仅原万县市（县级）城区范围内，就有30多只连家渔船，在长江捕捞河鱼供应市场[16]。"航标灯影联波面，渔舍炊烟起渡头"，这是郭沫若1961年所作《宿万县》中的诗句，描绘了港口江边渔家的生活。20世纪70年代前，原万县市（县级）段长江鱼类资源十分丰富，主要品种有数十种，以腊子鱼（中华鲟）、剑鱼（白鲟）、黄排（胭脂鱼）个体最大，有"千斤腊子万斤象，黄排大得不像样"之说，渔业社常年可捕长江鱼达7万—9万公斤[17]。"捕鱼捞虾，养活全家"，在长江渔业资源衰退前，捕捞曾是长江沿线百姓的主要生活来源。

（三）"鱼"民俗习惯

在麻柳沱遗址东周遗存中，出土了一片鱼鳃上施钻的卜骨，甚为罕见。"在鱼鳃骨内侧施钻，无凿，无灼，无兆。鱼鳃骨厚0.3厘米、钻径1.8厘米。经鉴定，属中华鲟类"[18]。研究者认为，"先秦时期峡江流域的占卜习俗中，有充分利用当地丰富水产资源的特点"[19]。中坝子遗址墓葬，出土有24件战国早期的矮柄陶豆，这些随葬器物里有大量的鱼骨。可见，当时鱼已成为陪葬品。人们与鱼朝夕相处，且因为生产力水平不高，需要向鱼讨生活，一日三餐都离不开鱼，以鱼做敬祀，以求渔业生产兴旺发达。《华阳国志·巴志》记载，"巴东郡辖四县……有奴、獽、夷、蜑之蛮民"。据考证，作为巴地8个部族之一的蜑，即以鱼为图腾。出土于今万州区甘宁镇红旗水库泄洪口的国家一级文物战国青铜乐器虎钮錞于，其顶部有鱼纹、船形纹等图案，体现了在峡江两岸渔猎的场景，极具美学价值。大坪墓地，位于今万州区瀼渡镇，在一石室汉墓墓壁上刻有鱼形图案。礁芭石墓地，位于今万州区新乡镇，出土的蜀汉陶鱼，造型生动，形似鲤鱼。大窑包窑址，位于今万州区新田镇，出土的唐宋时制陶工具陶拍，压印着鱼纹等图案，烧制出炉的大量陶器上，留下了美丽的鱼纹。

（四）"鱼"饮食表现

大量考古资料证明，鱼文化在万州先民的饮食中有诸多表现。天丘墓群，位于今万州区武陵镇，出土的东汉灰陶庖厨俑呈跪坐姿态，头戴无檐圆冠，身穿右衽灯笼袖布衫，双袖挽起，身前的案板上放置着鱼、葱、姜、蒜等食材，与当今的烹鱼场景神似，为了解古人饮食生活提供了宝贵资料。曾家溪墓地，位于今万州区新田镇，出土的陶庖厨俑，面前置一长方形小几案，案上放一鱼，俑左手按鱼，右手执刀于胸前，作宰鱼状，具有浓郁的生活气息。金狮湾墓地，位于今万州区高峰镇街道，出土有铜鍪4件，器内留有大量鱼骨，其中2件为西汉中期、2件为新莽时期至东汉早期，由此"可以看出渔猎生活是金狮湾墓群汉代人类生活的一部分"[20]。同样出土于该墓地的东汉铜耳杯，底部刻有鱼图案，耳杯又称羽觞、羽杯，是古代的一种盛酒器具。包上墓群，位于今万州区新田镇，出土的东汉陶案，是古人分食制放置餐具的器皿，这件食案内底堆塑有鱼、鳖、螺各2个图案。这说明古人对饮食器具越来越讲究，将精美的鱼图案作为器具装饰，蕴藏着丰富的饮食文化信息，体现了古人高超的生活智慧。

鱼一直是峡江一带重要的食物来源。在唐代诗人杜甫的笔下，"细微沾水族，风俗当园蔬"，即鱼被当作像蔬菜一样常见的食物食用，体现了食鱼具有大众化、平民化的特征。一方风土一方俗，明来知德诗云："忆昔我来天正暑，小鱼螃虾同烹煮"[21]，这位理学家、易学家、著名诗人客居虬溪（今万州区长滩镇）十余载，笔下"渔郎""渔樵""渔子""钓槎"皆为诗境，"三竿两竿竹，一寸两寸鱼"，生动有趣的钓鱼场景跃然而出。在来知德的生活中，吃鱼应当比较普遍。"松柏岁寒鲊"，寒冬腊月时，将鱼进行腌制处理后，易于储存，可以随时烹煮食用。鱼是重要的饮食资源，万州人也十分喜欢吃鱼，民间流传的"美味佳肴，莫若鱼好""鱼吃跳，鸡吃叫"等谚语，正是人们日常生活的实践总结。

吃鱼，还承载着三峡人的梦想和现实。在《毛泽东三峡行》一文中，描述了这样一幅画面：1958年3月30日，毛泽东从万县（今万州区）放舟考察三峡，时任重庆市委第一书记任白戈、万县地委书记燕汉民等陪同。在船上，毛泽东曾就三峡大坝的事问二人，"你们都是三峡地区的父母官，要在三峡修个大坝，既防洪又发电还养鱼，好不好？"任白戈等都说，好是好，要真的把大坝修起来，就是淹没的土地多了点。毛泽东笑着追问一句："淹没了土地，少吃点粮食，多吃一点鱼，好不好？"几个人也跟着笑了："多吃鱼那当然比多吃粮食好。"[22]而今，三峡大坝已成功建成，人民也实现从"吃不饱"到"吃得好"的历史性转变。党中央多次强调大食物观，在确保粮食供给的同时，必须有效保障肉类、蔬菜、水果、水产品等各类食物有效供给，重视向江河湖海要食物，宜渔则渔，大力发展渔业，有效满足人民群众日益多元化的食物消费需求。

（五）"鱼"生态保护

历史上，万州人非常重视对鱼类资源的保护。清代《万县乡土志》记载了一则贡生金维斗的故事，"本境溪河多鱼，渔人网密，无一漏者。斗请官示禁止……"坚持"不夭其生，不绝其长"的做法，反对竭泽而渔的行为，说明人们懂得与鱼类保持平衡的生存之道。在万州区龙沙镇一溪谷边，有两块1931年的示禁事碑，碑文分别为："黄保之呈实禄，为恳予示禁事，彻查毒河鱼，载在功今，如违一并拿究，治以大法"[23]"禁止毒毙鱼虾"[24]，这足以说明人们有着良好的渔业生态意识。2020年1月，"十年禁渔"正式实施，长江得到休养生息，尊重自然、顺应自然、保护自然，万州渔业迎来了光明前景。

三、万州烤鱼的产业发展策略

据《重庆日报》报道，全国以万州烤鱼命名的店面店铺有1.3万余家，仅重庆主城，以万州烤鱼命名的店面店铺便有1300余家，在万州区，经营烤鱼菜品店铺超1000家，形成了一定产业规模。但与沙县小吃、柳州螺蛳粉等著名小吃发展相比，万州烤鱼还有较大的差距。"沙县小吃大产业""小米粉大产业"，习近平总书记始终牵挂着发展特色产业大文章。小产业有大前景，深厚的历史渊源和文化内涵，为万州烤鱼提供了广泛的深化拓展空间。因此，应着力实施产业优化提升行动，做好补链强链延链各项工作，加快推动万州烤鱼高质量发展。

（一）实施原料供给提升行动

一条高产、高效、健康的产业链，高质量的原料是根本。因此，要全方位做好食材开发，引导烤鱼餐饮企业、加工企业积极向渔业生产等上游产业延伸，创新利益联结方式，寻求相互协作发展，形成优质安全有效的食材供给，满足优质鱼产品等供应需求。向江河湖海要食物，应充分释放湖、库、塘、稻田等水资源丰富优势，加快有机鱼示范园区以及生态鱼示范基地建设，因地制宜发展稻鱼综合种养，不断提升生态效益和经济效益，有效解决鱼品质不高等问题，实现鲤鱼等主要食材供给绿色化。"增加动物性食物是食物系统调整的方向"[25]，应积极践行大食物观，增加鱼类食物供给，注重品牌化渔业发展，在满足本地用鱼需求的情况下，加速万州鱼文化资源转换，将现有的"三峡渔村"商标做成万州渔业生产公用品牌。大力发展电商物流，积极为外地万州烤鱼餐饮企业提供地道鱼食材，以地道食材做出地道美食，不断提升万州烤鱼品牌形象。

（二）实施文旅融合提升行动

"丰富的美食是吸引游客的必备条件，发展餐饮业是提升旅游总体水平的重要手段"[26]。文旅融合发展是餐饮业发展的内在要求和大势所趋，只有把融合的文章真正做好做实，才能把万州烤鱼产业不断做大做强。将在建的天生城文旅街区，支持升级为"万州烤鱼小镇"，打造万州烤鱼剧场，通过金钱板、竹琴等方式，演活万州烤鱼故事；借鉴阆中古城南津关古镇阆苑仙境移动实景演出模式，"小而美"打造沉浸式夜间场景，弘扬传承万州烤鱼，让诗词中的"渔歌"、文物中的"鱼宴"成为休闲生活；深入研究三峡及万州鱼文化，依托丰富的与鱼相关的出土文物资源，展示其深厚内涵，演绎万州烤鱼特色美食文化，让美食技术成为艺术、成为镜子，让更多人通过烤鱼来了解万州、爱上万州。同时，举办万州烤鱼高质量发展研讨会，塑造品牌形象；组织挖掘万州当地烤鱼餐饮企业的故事，编撰调查报告，留下万州烤鱼发展真实的记录，增强其识别符号和文化底蕴；组织到重庆主城或市外其他重点城市采访，集中报道冠名为万州烤鱼餐饮企业的故事，共同探索高质量发展，推动做大万州烤鱼经济；组织提炼万州烤鱼蕴含的饮食科学、饮食思想和饮食艺术等内涵，从地方生产生活方式、饮食习俗等角度进行解读，梳理包装万州烤鱼的文化特质，开发具有特色鱼文化符号的烤鱼系列餐具等创意产品，扩大万州烤鱼品牌影响力，推动万州城市形象传播。

（三）实施食品加工提升行动

"工业革命促进了食品工业的发展，成为关系国计民生的生命工业，也是与农业、工业、流通等领域有着密切联系的永恒不变的大产业"[27]。用工业化理念谋划产业发展，有利于突破传统地方特色产业小规模、分散化、竞争力弱等瓶颈，引导传统产业向现代化产业集群转变，实现万州烤鱼产业提档升级。建设万州烤鱼产业园区，坚持精深加工为目标，运用先进生产工艺，以预包装烤鱼食品加工为首位，配套调味品、配菜预包装、食品包装等生产，做大规模总量，完善检验检测、人才培训、科技开发、产品设计、物流建设平台，既盘大盘强现有的鱼泉、江来好、伴神等企业，又通过招商引资引入新企业增强产品创新能力，推动万州食品工业重大产业发展。同时，针对有机鱼、生态鱼生产饲料需求，抓住中储粮项目落地机遇，积极引入企业从事饲料生产，帮助解决饲料成本过高的问题，带动产业链前端发展。针对烤鱼餐饮和烤鱼加工，建设中央厨房，配套专门的食用油加工、矿泉水生产等全链条业态，用好油、好水做鱼，注入更多产品特色，全方位提升万州烤鱼品牌认知度和记忆度。

（四）实施质量标准提升行动

质量安全和品牌优势是发展地方特色产业的核心竞争力。只有坚持高质量、高标准开发，地方特色产品才能有效发展成为具有广阔前景的特色产业。坚持从更好地满足人民美好生活需要出发，以地名文化中"其味甚美"内涵为产品质量标准，在原料选取、食品配方、制作技艺、加工流程以及食品包装、贮藏运输各环节，出台规范性标准，严格质量把控。以健康为首要，借鉴传承《山家清供》记载的古人烧烤制作方法，用米酒（醪糟水）腌制鱼，替代人工糖、勾兑酒，不应为了降低生产成本或是提升食品口感而添加对人体有害的物质。"从质量的角度，要求食品的营养全面、结构合理、卫生健康"[28]，针对万州烤鱼烹饪油重的情况，更应注重为消费者甄选健康的配菜食材。竹笋早在南宋时即是万州美食，"锦箨初开玉色鲜，烹苞葅脯尽称贤"[29]，可通过合理搭配竹笋等配菜，降低油脂摄入；陈皮在万州早已有名，据清代《万县乡土志》记载，"在苎溪两岸橘市收买，岁约出四万斤，行汉口"，用陈皮泡水搭配作为吃烤鱼的餐中饮料，可起到解腻的作用。"食品承载了人类的生命价值，对待食品的态度就是对待生命本身的态度"[30]。必须牢牢守住食品安全底线，满足消费者健康生活需求，始终维护好万州烤鱼品牌形象。

（五）实施创新引领提升行动

随着人民生活水平的提高、生活方式的改变，饮食生活正在向以"发展和享受"为标志的"品味型"迈进。"成功和增长的良方是通过科技应用和对消费者的了解，提升产品的价值"[31]，必须将创新作为产业发展的动力之源。创新出生产力，创新出竞争力，扎实推动科技、产品、管理、商业模式等全方位创新，才能推动万州烤鱼产业走向高端。食语有云：靓材精艺，美食之本。应聚焦前端，依托高校、水产科研机构，在营养、口感以及经济价值等方面加大提升，推动绿色生态渔业发展。应协同中端，发挥烤鱼学院、烤鱼协会等作用，研发新技艺，开发新烤具，在预包装烤鱼保鲜上下功夫，传承本色味道，留住健康营养。应强化后端，在餐饮门店和预包装生产两个环节紧跟市场，创意产品包装和文化推广，推出"全家福整条烤鱼、二人份半条烤鱼、一人份四分之一条烤鱼"等类别选择，满足多元化消费需求，借助"互联网+"快车道，让万州烤鱼成为网红爆款食品，以创新支撑万州烤鱼产业高质量发展。

饮食是一种生活，也是一种文化表现。万州烤鱼需要传承，也需要创新，要注重对历史文化的活化利用，通过品牌引领，实施产业优化升级，不断延伸产业链条，走出高质量发展的新路子。

参考文献

[1] 习近平.把中国文明历史研究引向深入，增强历史自觉坚定文化自信[J].求是，2022（14）：4-8.

[2] 张茜.移民文化视角下的万州烤鱼[J].四川烹饪高等专科学校学报，2010（6）：6-8.

[3] 崔俊林，肖霞.万州烤鱼香辣味复合调味料的研究[J].现代食品，2019（13）：58-61，64.

[4] 王圣开，张艳.预制万州烤鱼工业化生产现状分析[J].现代食品，2022（13）：32-34，38.

[5] 周相伶.万州烤鱼故事在装饰绘画中的设计应用研究[D].重庆：重庆师范大学，2020.

[6] 重庆市文物局，重庆市移民局.重庆库区考古报告集1997卷[M].北京：科学出版社，2001：392-393.

[7] 重庆市文物局，重庆市移民局.重庆库区考古报告集（1997卷）[M].北京：科学出版社，2001：392-393.

[8] 重庆市文物局，重庆市移民局.重庆库区考古报告集（1999卷）[M].北京：科学出版社，2001：1242.

[9] 杨铭铎，陈健.中国食品产业文化简史[M].北京：高等教育出版社，2016：63，67.

[10] 蓝勇.巴蜀江湖菜历史调查报告[M].成都：四川文艺出版社，2019: 005.

[11] 常璩.华阳国志[M].重庆：重庆出版社，2008: 296，300.

[12] 常璩.华阳国志[M].重庆：重庆出版社，2008: 296，300.

[13] 重庆市文物局，重庆市移民局.重庆库区考古报告集（1999卷）[M].北京：科学出版社，2000: 514，521.

[14] 屈小强，蓝勇，李殿元.中国三峡文化[M].成都：四川人民出版社，1999: 350.

[15] 重庆市文物局，重庆市移民局.重庆库区考古报告集（1999卷）[M].北京：科学出版社，2000: 514，521.

[16] 龙宝移民开发区地方志编纂委员会.万县市志[M].重庆：重庆出版社，2001: 296.

[17] 龙宝移民开发区地方志编纂委员会.万县市志[M].重庆：重庆出版社，2001: 296.

[18] 重庆市文物局，重庆市移民局.重庆库区考古报告集（1999卷）[M].北京：科学出版社，2000: 514，521.

[19] 重庆市文物局，重庆市移民局.重庆库区考古报告集（1999卷）[M].北京：科学出版社，2000: 514，521.

[20] 重庆市文物局，重庆市水利局.万州金狮湾墓群[M].北京：科学出版社，2020: 110.

[21] 续修四库全书编委会.续修四库全书（第1128册）[M].上海：上海古籍出版社，2002: 116.

[22] 回味三峡书库编委会.三峡好游记[M].北京：团结出版社，2017: 359.

[23] 万州区委宣传部，万州区文化旅游委.流淌的乡愁①[M].北京：九州出版社，2019: 94-95.

[24] 万州区委宣传部，万州区文化旅游委.流淌的乡愁①[M].北京：九州出版社，2019: 94-95.

[25] 任继周，南志标，林慧龙，等.建立新的食物系统观[J].中国农业科技导报，2007（4）：17-21.

[26] 杨铭铎，陈健.中国食品产业文化简史[M].北京：高等教育出社，2016：63，67.

[27] 杨铭铎，陈健.中国食品产业文化简史[M].北京：高等教育出社，2016：63，67.

[28] 孙雯波，刘俊东.论生态文明视域下我国农业与食物伦理教育[J].中南林业科技大学学报（社会科学版），2018（2）：12-18.

[29] 胡问涛，罗琴.冯时行及其《缙云文集》研究[M].成都：巴蜀书社，2002：109.

[30] 何昕.论食品伦理的基本原则[J].华中科技大学学报（社会科学版），2015（2）：114-119.

[31] [瑞典]拉格涅维克，等.食品产业集群的创新机理[M].陈延锋，译.北京：中国轻工业出版社，2008：1.

三峡库区可持续发展
年度研究专题报告
〉〉〉（2022）

附录1：教学改革

"互联网+"视域下中学语文写作教学的困境与对策

陈 涵

摘要：传统的纸质媒介仍然是中学语文写作教学的主要载体。但是，纸质媒介交互性差、难以共享的缺点，既严重阻碍着语文写作评价的发展，又无法满足学生交流学习的需要，使中学语文写作教学的成效不佳。互联网媒介以实时交互、快速传播、无界分享等特性，已经成为工作和生活场景中的主流写作媒介。本文通过分析和比较两种写作媒介，从而强调了语文写作教学中引入互联网媒介的必要性，并探讨互联网媒介和中学语文写作教学的结合方式。

关键词：写作教学；写作媒介；纸质媒介；互联网媒介

中学语文写作教学（以下简称"写作教学"）的改革困难重重，学术界针对写作课程、写作教学已经积累了较为丰富的学术成果。如魏小娜的《语文科真实写作教学研究》[1]，荣维东的《写作课程范式研究》[2]，邓彤的《微型化写作课程研究》[3]等。这些研究成果为语文写作教学的改革提供了坚实的基础，也明晰了语文写作教学改革的方向。但是，这些研究或关注写作教学的内容，将注意力集中在"教什么"的问题上；或关注写作

作者简介：陈涵（1991—），男，重庆万州人，重庆三峡学院文学院教育学硕士在读；研究方向：学科教学（语文）。

教学的方法，将注意力集中在"怎么教"的问题上。而写作媒介，即"在哪儿写"这一问题，一直没有受到重视，相关的理论研究也极少。写作教学的内容和方法固然重要，但是，写作媒介作为文章的物质载体，是写作教学的重要组成部分，分析写作媒介之于写作教学的影响对提高写作教学效果，有着十分重要的意义。况且，在信息化时代背景下，出现了以互联网和计算机为基础的新型写作媒介，即互联网媒介。如何利用互联网媒介促进写作教学的发展，也需进一步探讨。

一、写作媒介

在传播学意义上（狭义上），媒介指利用媒质存储和传播信息的物质工具。媒介包括两方面要素：一是包容媒质所携带信息或内容的容器，如书（甲骨、竹简、帛书、纸书）、相片、录音磁带、电影胶片、录像带、影音光盘等；二是用以传播信息的技术设备、组织形式或社会机制，包括通信类（驿马、电报、电话、传真、电子邮件、可视电话、移动电话等）、广播类（布告、报纸、杂志、无线电、电视等）和网络类三大类。在当代社会，一般而言，媒介指机械印刷书籍、报刊、无线电、电视和国际互联网等，它们都是用以向大众传播消息或影响大众意见的大众传播工具，都是传播信息的媒介。

写作媒介，也可称为书写媒介，是文字书写的物质工具。我国历史上，写作媒介经历过数次更迭。最初，远古人类在山洞内的石壁上，用石头凿刻图案，传达信息；在上古时代，人类祖先主要依靠结绳记事，以后渐渐发明了文字，开始用甲骨作为书写材料；后来又发现和利用竹片和木片以及缣帛作为书写材料。但由于缣帛太昂贵，竹片太笨重，于是导致了纸的发明。随着信息技术的发展，以计算机技术和互联网技术为基础的新一代写作媒介开始越来越深刻地影响着我们的生活方式和工作方式。在写作媒介的这一发展过程中，有两次意义深远的转变。第一次是造纸术和印刷术的发明。在造纸术、印刷术发明之前，虽然从壁画，结绳记事，甲骨文到竹简，人类不断改进写作媒介，但是人类文明进程并没有显著提升，也没有出现跳跃式发展。不过，纸的发明，让人类文明有了质的飞跃。第二次是计算机技术和互联网的发明。今天，虽然纸质书籍、报刊仍然是知识传播与流通的重要途径，但是，随着互联网媒介的发展，人类积累的知识越来越多，产生知识的速度越来越快，知识开始呈现出爆发式增长。

由此可见，我们正处于纸质媒介和互联网媒介这两种书写媒介的历史交互期。自纸发明以来，纸质媒介一直是主流的写作工具，在写作教学中，也是唯一的选择。但是，除了传统的纸质媒介，现在我们还可以选择互联网媒介作为我们的写作工具。甚至在生产和生活场景中，互联网媒介早已经替代了纸质媒介成为写作与交流的主流工具。虽然目前绝大多数学校在写作教学中仍然使用着纸质媒介，但是利用互联网媒介展开写作教学的尝试越来越多，人们愈加认识到互联网媒介对中学写作教学的巨大价值。李白坚在一次采访中就谈道："如果新型媒体能够获得广泛的运用，将从写作技术和教学手段上对写作教学产生颠覆性的变革。"[4]《普通高中语文课程标准（2017年版）》也明确提出："要积极探索基于网络的教学改革，利用具有交互功能的网络学习空间，创设线上线下一体化的'混合式'学习生态，为课堂教学和课外学习服务。"因此，将互联网媒介引入校园，是未来写作教学的重要方向之一。

在写作教学中引入互联网媒介，并不是要完全取代纸质媒介。纸质媒介作为一种传统写作工具，几千年来一直是人们书写的首选，这一地位并不会因为互联网的出现就在一夜之间被颠覆。并且，纸质媒介的便利性、普及度以及性价比等，都远比互联网媒介更加优越。在可以预见的时期内，无论信息技术发展到什么地步，纸质媒介和互联网媒介都将长期共存。因此，只有客观地分析这两种媒介在写作教学中的优势和短板，取长补短，互相补充，才能更好地实现教学目标。

二、纸质媒介与写作教学

（一）纸质媒介对评价方式的制约

语文写作评价具有检查、诊断、反馈、激励、甄别和选拔等多种重要功能。这些评价功能的有效发挥，能够检验和改进学生和教师的教学，改善课程设计，完善教学过程。语文写作评价有多种评价方式，如形成性评价、终结性评价、定性评价、定量评价等。要使写作评价发挥应有的作用，就需要综合应用这些评价方式，不可偏废。但是在写作教学实践中，教学评价被极大地简化，学生通常只能收到一个分数或是等级，缺乏具体评语和修改意见。在写作教学过程中，使用这种终结性评价和定量评价，对促进学生写作能力和兴趣发展的效果甚微，甚至还可能挫伤学生写作积极性。学生普遍不愿写作和这种单一的评价方式有着密不可分的联系。既然单一的写作评价存在问题，为何一线教师在教学实践中，没有综合运用多种评价方式呢？现以形成性评价为例，分析纸质媒介的制约作用。

在学校，一篇作文的写作任务，是在考试时完成，或者在老师检查完后就结束了。因此，学生的作文，往往是写一篇，扔一篇，既不会有别人来读，自己也不会读。如果教师要收集一个时段内的学生作品，去评估学生的状态和能力，要么根本收集不到，要么收集得不完整。因此，教师对学生的形成性评估就无所凭借，只能基于"经验"和分数。然而，某一次作文的分数，并不能真正代表学生的写作能力，也无法反映出学生的成长，更无法促进学生写作能力的提高。

形成性评价有利于及时揭示问题、及时反馈、及时改进教与学的活动，对写作教学有十分重要的意义。然而，形成性评价的资料收集和积累，却是一大难题。对此，有学者提出可以采用写作档案袋的形式，保存和收集学生的作品，为形成性评价提供可靠的资料。无疑，写作档案袋对了解学生写作能力的发展过程有巨大的意义和价值，但是，以纸质文档为基础的写作档案袋仍然面临难于保存、管理、查阅等问题。正是这一操作层面上的困难，阻碍了写作档案袋的发展，也阻碍着一线教师对学生进行形成性评价，使得写作教学的评价一直处于"失衡"的状态，没有综合发挥各种评价方式的优势。

（二）传统写作媒介对评价主体多元化的制约

提高写作教学质量，激发学生写作教学兴趣，不仅需要选用恰当的评价方式，还需要利用不同主体的多角度反馈，即评价主体的多元化，包括学生自评、小组评价、教师评价、家长评价等。"元认知"是主体对其认知活动的自我意识、自我监控和自我调节，即对认知的认知。学生充分且有效地参与写作评价除了能调动学生写作的积极性，还能实现学生对其写作认知活动的自我意识、自我监控和自我调节，从而实现有目的、有计划、有意义的学习活动。因此，学生是师生互动型写作评价模式中最重要的主体，开展以学生为评价主体的自我评价和互相评价，才能尊重和保护学生学习的自主性和积极性，达到以评促写的教学目标。

在以往的写作教学评价中，评价人员的角色关系一直是教师为评价者，学生为评价对象。评价活动什么时候进行，具体要求是什么，一般由教师提出，学生的职责主要是听从教师的安排，做好接受评价的准备。在这种评价活动中，由于评价的主动权掌握在教师手中，学生只能处于被动地位，很难发挥参与评价的自主性和积极性，评价对他们的激励作用也很难体现。在目前的教学实践中，多数只实现了阅读教学中的多主体评价，而没有意识到写作评价也可以是多主体的，或者意识到了但由于操作困难而退守传统的教师批改并讲评的模式。因此，写作教学中的多主体评价停留在理论层面，没有在教学实践中得到充分的应用和发展。

评价主体多元化难以实施，固然是受到教学理念、教学环境、教学方法等多方面因素的综合影响，但是从写作媒介的角度看，纸质媒介在交互性上的不足，是阻碍多主体评价开展的底层原因。以教师评价为例，教师评价的交互过程是：一个班级的学生将作品统一提交给教师，教师逐一评改后，将习作返还给学生，学生根据教师的评改建议做出修改完善。这一过程，通常需要一周左右的时间才能完成。周期长，反馈慢，是纸质媒介在交互性上的第一个缺点。不仅如此，因为纸质文档只有一份，多种评价方式无法同步进行，如果要开展多主体评价，只能在完成教师评价后，再组织其他评价主体进行评价。显然，以这样的次序开展多主体评价会占用学生和教师过多的时间和精力，将严重影响正常的教学进程。可见，多种评价方式不能同步进行，是纸质媒介在交互性上的第二个缺点。正因为纸质媒介在交互上周期长，反馈慢，无法共享和同步，所以写作教学的多主体评价难以进行。

（三）纸质媒介不能满足学生交流的需要

三人行，必有我师焉。《义务教育语文课程标准（2011年版）》指出要"增加学生创造性表达、展示交流与互相评改的机会"。让学生的作品能够得到展示和交流，是激发学生写作兴趣的催化剂。在展示交流过程中，无论是作为读者还是作者，学生的参与感和兴趣都会大大提高。作为读者，阅读同伴的作品，在心态上是放松的，不仅可以学习他人的长处，还可以指出同伴的不足，大大提高学习的参与感和价值感。作为作者，考虑到自己的作品会被同学阅读，自然而然地会产生读者意识，对自己作品的质量就会有更高的要求，从而促进写作过程中的反思和学习。不仅如此，让学生展示交流，还能够帮助学生掌握更多关注生活的视角与进行写作素材的积累。一个人，在阅读同伴作品的时候，不仅能够学到知识，更重要的是能够了解彼此的思维方式，拓宽彼此的视野和对生活的多角度理解。很多学生不愿写，写不出，就是因为视野太狭隘，只能以单一的视角去观察生活和以僵化的思维去思考问题。总之，让学生的作品在学生之间流动起来，传播起来，不仅能够激发学生的写作兴趣，也有利于学生开阔视野，丰富思维方式。

遗憾的是，在写作教学中，学生作品之间的交流互动少之又少，这体现在两个方面。第一，愿意组织学生展示交流活动的教师和学校较少。第二，这些展示活动往往是阶段性的，没有形成常规，因此产生的效果十分有限。那么，为什么很多学校和教师不愿意组织展示交流活动，展示交流活动不能成为常规教学活动？其实，问题还是出在纸质媒介上。由于纸质文档的弱交互性，组织展示交流活动自然费时费力，对于学业繁重的中学生而言，这是难以承受的负担，因此，展示交流活动无法展开。

通过以上分析发现，尽管纸质媒介对写作教学来说有着不可替代的作用，但它并不能满足写作教学的全部需求。缺乏交互性，是纸质媒介在中学语文教学中最大的缺陷，而写作最重要的功能就是沟通和交互。缺少交互的环境，写作就如同纸上谈兵。基于纸质媒介，无法构建起学生、教师、家长充分互动交流的系统。缺少这样一个开放的生态系统，学生的写作行为就是孤立的，封闭的，在这样的写作教学环境中，学生的写作积极性很快会被消磨掉。当前，学校的写作教学死气沉沉，和纸质媒介的交互性不足有很大的关系。然而，就交互性这一点来说，互联网媒介有着天然的优势。

三、互联网媒介与写作教学

"互联网+教育"是不可逆转的时代潮流，互联网技术正深刻改变着原有教育面貌[5]。2018年，教育部印发的《教育信息化2.0行动计划》中提出要将教育信息化作为教育系统性变革的内生力量，支撑引领教育现代化发展，推动教育理念更新、模式变革、体系重构。互联网与写作教学的深度融合，将是解决写作教学这一老大难问题的强大内生动力。而写作教学与互联网融合的第一步，就是让互联网媒介走到学生的写作生活中来。

互联网的发展不断重构人们的生产生活方式。在生产生活环境中，互联网媒介几乎已经完全取代了纸质媒介。纸质的信件几乎已经完全从人们的生活中消失了，所有日常沟通，都有方便的即时通信工具；工作场景中，所有的文档要么以电子文档存在，要么是电子文档的打印版本，手写的纸质文档甚至被认为不合规范，在绝大多数场合都已被弃用。互联网媒介之所以能够取代纸质媒介，成为我们生活工作中的主要媒介，是因为它有着纸质媒介所不具备的诸多特性，如交互性、共享性、实时性、传递性、自由性、开放性、稳定性、持久性等。其中，交互性、实时性和共享性让沟通的效率相较于纸质媒介有了质的飞跃。那么，如何利用互联网媒介来促进写作教学呢？

（一）构建写作教学生态，开展多维互动

班杜拉（Bandara）指出，行为、人、环境实际上是作为互相连接、互相作用的决定因素产生作用的[6]。在交互决定理论中，班杜拉认为环境和个人之间在社会化进程中互相产生作用，人的认知因素以及社会因素对学习者在学习过程中产生相互影响。利用互联网技术，可以创设一个能提高学习者参与度、氛围良好的互动学习环境，实现教师、学生、家长间立体、高效、持续的互动交流，在互动过程中实现协作、探究和意义建构，从而促进学生的有效学习。

1.生生互动

传统的作文评改流程通常是这样：教师批改、评分，在课堂上做整体评价，读高分作文。这种做法存在明显的弊端：学生没有参与其中，只关注作文的分数，较少思考评语涉及的写作问题以及解决办法；讲评缺少针对性，评价方式单一，学生主动性得不到发挥，教学效率低下。这些弊端，究其原因，一是反馈不及时，二是交流不充分。而纸质媒介的使用，正是阻碍这些问题得以解决的一大要素。因此，转变学生的写作媒介，让互联网媒介进入学生的写作生活，发挥互联网的交互性、实时性、共享性等优势，能够有效改善当前的教学现状。

学生在互联网平台上，可以突破时空的限制和交流的障碍，随时随地进行创作和交流。他们不仅可以阅读所有同伴的作品，而且能够进行互相评价、互相修改的深度互动。通过阅读同伴作品，既训练了学生的阅读能力，开阔了学生的视野，也让学生能够发现同伴的优点和问题，从而促进对自身作品的认识，进而取长补短及时修正自身存在的问题。基于这种以评促写、以改促写的互动教学方式，学生的学习主体地位得以保全，充分

的交流互动也能更好地激发和维持学生的写作兴趣和写作热情。

2. 师生互动

基于互联网媒介的写作教学有着全新的师生互动模式。在传统写作教学中，教师批阅学生习作，占用了教师绝大部分精力，让教师无暇顾及学生的个性需求，也无法和学生展开深度交流。而教师只有与学生进行深度交互，才能更好地促进学生的发展。互联网媒介，为这种师生间的深度互动，提供了最基础的条件。这一新型的师生互动模式，需要教师在更深层次上认同建构主义教师观。建构主义认为，教师不再是教学活动中唯一的主角，而是学生学习的辅助者、教学环境的设计者、教学气氛的维持者、教材资源的提供者，等等，并最终成为学生学习的合作者和促进者。这种角色的转变意味着教学过程中教与学重心的转变，教师应从关注如何去教，转移到如何促进学生主动地学上来，即教师如何为学生提供帮助和支持。

因此，基于互联网媒介的师生交互，不仅是简单地将线下的活动搬到线上，更涉及教师教学观念和教学职责的转变。在教学观念上，教师要从以"教"为中心向以"学"为中心转变；在教学职责上，教师要从"评价者""讲授者"向"组织者""合作者"转变。具体来说，教师在写作教学过程中，首先根据学生需要，制定适合学生的写作任务，并提供学习资源，组织学生开展自主合作探究学习，完成写作任务；其次，为学生提供作文评价标准，指导学生进行互评互改活动，并在活动过程中及时交流讨论；最后，引导学生梳理教学过程，发现问题，并共同解决，通过总结巩固写作知识和提高写作能力。

3. 家校互动

教育家苏霍姆林斯基曾经说过："生活向学校提出的任务是如此的复杂，以致如果没有整个社会首先是家庭的高度的教育学素养，那么不管教师付出多大的努力，都收不到完满的效果。"[7]由此可见，要培养适合社会所需的人才，学校教育不能是唯一的教育，学校、家庭需要密切联系和协调一致的配合。同样，写作能力的培养，离不开家庭的参与。在互联网时代，让家长参与到学生的写作生活中来成为现实。学生通过互联网媒介完成的习作，在经过修改完善后，即可由教师推送至家长。家长通过移动互联网，可以随时查看学生的作品，并进行点赞和评论。家长参与到写作教学中来，一方面可以增进家长对学生学习状况和思想动态的了解；另一方面，不仅可以调动学生的积极性，还能激发学生认真负责的写作态度。

4. 人机互动

学生通过互联网媒介进行写作教学的活动过程会产生大量数据，包括互联网教学平台上记录的档案数据，还包括更多学习情境数据（如时间、地点、个体特征、所用设备、周围环境等），这些学习行为数据和学习过程数据，首先要经过分析和计算，将无效数据过滤，并提取出能够反映学习情况的有效数据，然后通过"可视化"的手段，将数据以图形化的方式呈现给教师和学生。利用互联网平台反馈的这些信息，教师可以相应地调整教学进度和教学策略，学生也能更全面地了解自己，找到薄弱环节并予以突破。教学活动产生数据，数据改进教学活动，在循环往复的人机互动中，教师的教学能力和学生的写作能力，将得到螺旋式提升。

（二）建设展示舞台，发表优秀作品

美国心理学家马斯洛指出人人都有对生理、安全、归属和爱、尊重以及自我实现的需要[8]。传统写作教学方式下学生是为完成作业、不受老师的批评、不受家长的打骂而写作，那是生理安全的需要。也有学生为获得老师的表扬而努力完成作文，那是尊重的需要。而学生作文为了发表，为了获得话语权，体验成功感、快慰感，并将童年留驻在文字的世界里，则将作文提升到自我实现的层面。一些学生长期处于为了完成任务而作文的状态，逐渐丧失了写作兴趣和动力，导致写作教学效果不佳。还有一部分学生，在写作过程中，能够不断受到正面反馈，满足了更高层次的需要，促进了学生写作兴趣的提升。因此，管建刚认为作文教学的第一关键是调动学生的写作欲望，第二关键是调动起学生的发表欲望[9]。无论是调动写作欲望，还是发表欲望，本质上来说，都是唤起人更高层次的需求，培养写作的兴趣和动力。而给学生提供一个展示的舞台，发表优秀的习作，正是激发学生自我实现需要，培养学生兴趣的一种有效方式。

用"发表"来促进写作教学的理念不止有理论价值，很多学者和教师将这一理念付诸实践，既取得了成效，又积累了丰富的经验。管建刚老师"以发表为中心"的作文教学是指学生通过每周向《班级作文周报》投稿的形式，得以将自己的文章在班级刊物发表，使除了教师以外有更多的读者能阅读到自己的文章[10]。杨玉晶在深入研究管建刚这一写作教学方式后，进行了教学实践。实践结果表明，"发表式"教学模式对作文兴趣、作文水平、阅读兴趣、语文成绩、学生心理健康等方面均有促进和提高[11]。但是，潘莺指出"发表式"写作教学模式将会给教师提出更高的要求，并且工作量巨大。他提出，可以从以下三个角度来解决这一问题：发挥群体作用，减少教师工作量；同伴互助，共同登上"习作舞台"；建立班级群，进行线上沟通[12]。

这些教学实践表明，为学生的作品提供展示舞台是激发学生写作兴趣，提高写作能力的有效方式。但是，传统的"发表式"写作教学，仍然面临着交互难和效率低两大难题。正是这两个问题，限制了"发表式"写作教学的进一步发展。这些问题的根源就在于写作媒介。纸质媒介交互慢、不能共享的缺点，直接导致了交互难和效率低的问题。过去，纸质媒介是写作教学的唯一选择，所以这些问题一直无法得到妥善的解决。但是，互联网发展到今天，无论是普及率、接入难度，还是稳定性、传播性、交互性，都趋于完善和成熟；不仅如此，现在的学生早已是互联网的常客，他们既能方便地接入互联网，也能熟练地进行操作。因此，利用互联网强大的交互性和传播性，把互联网媒介引入写作教学中，为学生搭建起线上的发表和传播平台，将是解决发表式写作教学难题的必经之路。

参考文献

[1] 魏小娜. 语文科真实写作教学研究[D]. 重庆：西南大学，2009.

[2] 荣维东. 写作课程范式研究[D]. 上海：华东师范大学，2010.

[3]邓彤.微型化写作课程研究[D].上海：上海师范大学，2014.

[4]李白坚，裴海安.新型媒介与写作教学：对话李白坚教授[J].语文教学通讯，2018（14）：16-18.

[5]曹培杰.未来学校的变革路径："互联网+教育"的定位与持续发展[J].教育研究，2016，(10)：46-51.

[6][美]阿尔伯特·班杜拉.社会学习理论[M].陈欣银，李伯黍，译.北京：中国人民大学出版社，2015.

[7][苏]B.A.苏霍姆林斯基.给教师的建议[M].杜殿坤，编译.北京：教育科学出版社，1984.

[8][美]马斯洛.动机与人格[M].许金声，程朝翔，译.北京：华夏出版社，1987.

[9]管建刚.我的作文教学革命[M].福州：福建教育出版社，2007.

[10]管建刚.作文革命：十大"作文意识"谈[J].人民教育，2008（07）：32-38.

[11]杨玉晶.潍坊地区高中语文"发表式"互动作文评改教学模式探究[D].烟台：鲁东大学，2013.

[12]潘莺.管建刚"以发表为中心"的作文教学探究[D].上海：上海师范大学，2017.

重拾"联系"，教学质量扬远帆

黎万春

摘要： 世间万事万物都是相互关联的。同样，学生所学的知识也是相互联系的。运用联系的策略来开展学习活动，势必会事半功倍。因此，我们在教学中必须强化"联系意识"，从学科间、学科内两个方面着力，让"联系"无处不在，无时不有。而实现这种联系，需要教师加强学习，广泛涉猎，从而厚积薄发。

关键词： 联系；课堂教学；学科间；学科内；强化学习

近几年有个热词叫"万物互联"。其实，自盘古开天辟地起，"万物互联"这一现象便应运而生，只是当下是融入了高科技含量的万物互联。大千世界，万事万物都是充满着这样那样的联系。在学校的教育教学中，"联系"一词却被我们不同程度地扔到无人问津的角落，只做着孤芳自赏的教育之事。

学生来到学校，他们要学习很多门课程，这些课程都由不同的老师担任。一定程度上，教师只教自己学科的知识，从未越雷池半步，怕被人视为"肥人田而荒己园"，自然，学生在学科学习中也是各自为政，未成体系。但真正来说，学生所学的知识，必须成体系，否则极易被忘记，无法实现从知识到智慧、从知识到能力的转变。这样的学习耗时费力低效，如

作者简介：黎万春，重庆市万州区百安移民小学语文教师。

此的事倍功半是学生负担过重的重要原因之一。

而"联系"是让学生所学知识成体系的重要环节，所以，让"联系"融入教学始终是正道，但也必须注意以下几个问题。

一、学科间的"联系"不喧宾夺主

每门学科都不是一座孤岛，所承载的都不单纯是本学科的知识，尤其是文字类的科目。各门学科知识也是相互联系、融合渗透的。因此，教师的教学，学生的学习，都不能孤立地进行。加强学科间的联系，让学生用其他学科知识助力本学科知识的学习，丰富和完善本学科知识的内涵。

近几年，"学科整合""学科融合"被许多人加以研究和实践，并取得了实效，其成果也被推广。

不管是"整合"，还是"融合"，所关乎的都不只是一个学科。虽然二者有区别，但都指向学科之间的"联系"。课堂教学中，学科联系就像写文章一样，必须重点突出，分清主次。

在学科间联系中，信息技术是被运用最多的手段。现在的教学，几乎是无多媒体不成课。在这样的课堂中，美术、音乐齐上阵。这样的"联系"似乎无处不在，然而，效果却是喧宾夺主，目标、主体隐身了，效率低下自是难免。

一位老师在教学《鸟的天堂》一文时，为了让学生更好地理解"那鸟的天堂的确是鸟的天堂啊"一句，对比呈现了近20幅大榕树的图片，还有"众鸟纷飞"的小视频。相当长的时间里，学生只是在欣赏图片和视频，而谈自己的理解的时间却很少，自然，教学目标的达成度低。

"单调不成乐，单色不成画，单人不成群。"课堂教学中，加强学科之间的联系是非常有必要的，因为这有助于学生对教学内容的理解与认知。就像在学习《鸟的天堂》一文时，理解榕树的大、茂盛，适当地展示一两张图片，让学生结合语言文字进行较为形象的理解，是完全应该的。这样的联系是适中的，但"过犹不及"，音像过多，无形中把语文课上成了美术和音乐欣赏课，那就得不偿失了。

钟启泉教授说："语文学科尽管依然作为一门独立学科设置，但作为语文教师不能自我封闭于本学科框架之内。各科教师需要确立'学科群'的观念。软化学科界限，倡导合科教学，促进学科之间的沟通、对话和合作，这样，最终将有利于学生的'知识整合'。"他虽然说的是语文学科，但对于其他学科而言，也莫不如此。不过钟教授所说的"知识整合"，并非不分彼此，更不是不分主次，因为加强学科间的"联系"不是简单的1+1=2，只有学科间的联系主次分明，其"联系"才是有效的，才能达成"……你有一种思想，我有一种思想，交换过后我们都有两种思想"（萧伯纳）的效果。

二、学科内的"联系"要锦上添花

学科间的联系，是借其他学科来助力学生对新知识的学习，而学科内的联系也必须重拾起来。

笔者听过很多的常规课，教师大多是将教学限定于此内容中，远谈不上学科间的联系。这样的课，本节内容是什么，就完全上什么，从没越"雷池"半步。这样的学习令人乏味，毫无学习兴致。一个教学内容需要几课时完成，每课时都是独立的，没有对上一节学习的复习或是引入。

让学生的学习"左右逢源"，知识的学习才会圆圆满满。新知识学习之前，对前面所学内容的引入或是复习，无疑是铺路。"温故而知新，可以为师矣。"温故本身就是一种联系，而从中知新，那更是锦上添花。这知新，更是开启新知学习的通道。知新的内容，知新的学习方式，在相互联系中得到新的收获。

当下的教材，还是单元式的结构。学科内的"联系"，不能止步于前一节课，更要着眼于整个单元。应把某节课的教学放在整个单元中来看，它处于什么位置，该用什么方式来开展教学才能突出单元的属性和重点，单元的主线与重难点该如何在本节课中渗透，并为单元难点的突破奠基，这些都必须提前予以探讨。甚至把眼界放宽，与前后单元，或整册教材联系起来，让本节课的教学承前启后，让学生在更广阔的背景下开展学习活动，这样，学生在单位时间里所获取的信息就更多，对其知识的习得、能力的提升是大有裨益的。

拿作业来说，强化联系，减量提质，让学生真正从练习中获益。像语文作业，动不动就抄抄写写，且一抄就是很多遍，这与国家提出的"双减"政策相悖。而且，机械被动地抄写，没有思维含量，学生抄得昏昏欲睡，耗时费力而无果。一位老师在新课学习面对生字时，她这样布置作业——"这一课有8个生字，抄（一般三遍）你喜欢的4个字，你由它们分别想到了哪些字（3个），哪些词（3个），可以用在什么样的句子里（写一句），想一想它在这篇课文中是什么意思"。新课学习完后，又有这样一个作业——"学完这一课了，被你放弃的4个生字，它们不服，它们想知道你放弃它们的原因，请你写下来。它们还希望你把它们写两遍，看你的笔下它们的身材好不好，它们还要考考你，能不能用它组三个词……"这样的作业，或许在开始时有一定的难度，但到一定程度后，学生便能轻车熟路。更重要的是，强化了学科内知识间的联系，也有趣味性，完成的质量高，学生的语文能力提升也很快。

三、重拾"联系"当博观而约取

在我们的心里以及实践中，"联系"一词在渐渐隐退，有的甚至早已隐身多年。为什么会这样？除了我们骨子里没这样的意识，还有一个更重要的原因，是我们缺乏驾驭它的知识储备。教师不读书，是当下的普遍现象。手机占据了我们的大部分休息时间，快餐式、碎片化阅读让我们看过即忘。吴非老师说：只要读书，一切都好办。但不读书，教学中的"联系"便被我们遗忘。

"专看文学书，也不好的。先前的文学青年，往往厌恶数学，理化，史地，生物学，以为这些都无足重轻，后来变成连常识也没有，研究文学固然不明白，自己做起文章来也糊涂，所以我希望你们不要放开科学，一味钻进文学里。"（鲁迅《给颜黎民的信》）像我们的语文教材，综合性极强，一篇课文，里面还可能蕴藏着天文、历史、地理、科学等知识，我们自己都不懂，加之又没有"联系"的意识，如何能开展好教学活动呢？

我们每位教师读书，都不能只读本学科的书，应该广泛涉猎，丰富自己的积累，再厚积薄发，这样，解读起教材来才能真正切中肯綮，在教学中也才能知道如何旁征博引，丰富课堂信息量，让学生如入知识的海洋，即使只取一瓢饮，也能收获满满。

开创了独具特色的"诗意语文"教学流派的王崧舟老师，他的课纵横联系、信息量丰富，上得出神入化，听他的课就是一种享受。这都得力于他长期深耕语文教学，坚持不懈地阅读。他读入世的书，如卡耐基的《积极的人生》；读教育类的书，如苏霍姆林斯基的《怎样培养真正的人》；读非教育类的书，如范曾的《吟赏风雅》；更读专业类的书，如王尚文的《语感论》。从文学作品、教育理论、哲学名著到宗教著作，乃至奇门遁甲，他无所不读。

重拾"联系"，读书是最优的捷径。开展几十年如一日、杂取百科式的阅读，我们才能从中汲取更多差异性的元素，那么，课堂教学中的"联系"才会信手拈来，才会如影随形。

强化"联系"的意识，把"联系"的思维融入教材解读、学生学习个性的认知、教学设计、课堂教学的全过程，我们才能真正回归教学的本质。

参考文献

[1]张贵勇.读书成就名师[M].北京：中国人民大学出版社，2020.

[2]于永正.于永正课堂教学实录（阅读教学卷）[M].北京：教育科学出版社，2014.

[3][苏]苏霍姆林斯基.给教师的建议[M].武汉：长江文艺出版社，2014.

[4]钟发全,张朝全.赢得课堂精彩:教师的天职[M].吉林:吉林大学出版社,2011.

[5]钟发全,张朝全.职后发展性格的形成:对为师命运的审查[M].北京:北京时代华文书局,2016.

"阅读+"园本课程背景下幼小衔接实践探索

杨 玲

摘要：课程是教学质量提升的关键因素，是教师组织教育的基础载体。笔者遵循幼儿园内生式"书香"文化发展规律，在二十余年幼儿早期阅读研究基础上，结合园所现阶段发展，深入开展"阅读+"园本课程研究，以提升教育质量。幼小衔接是幼儿园教育的基本内容，是"阅读+"园本课程的基本组成部分，从课程目标到课程框架，通过回溯课程、课程实施步骤分析、思行结合的课程评价，有效落实《幼儿园入学准备教育指导要点》文件精神，并结合"书香"文化及园所实际，确定"适应生活"的幼小衔接项目课程要素、"3+1+1"的课程框架，凸显出幼小衔接全程及全域性、生活及游戏性，帮助幼儿积极做好身心、生活、社会、学习各项入学准备。

关键词：阅读+；园本课程；幼小衔接；实践

阅读是终身学习的基础，是基础教育的灵魂！幼儿园自建园以来始终围绕"阅读"进行持续、深入探究，以阅读滋养童心、涵养智慧、放飞梦想，以为孩子一生发展奠基。从离园幼儿跟踪调查反馈发现：在"书香"文化持续影响下，幼儿在自主阅读能力、学习兴趣及习惯等方面具有优势，能很好地适应小学生活。结合幼儿园教育文化及课程实际，充分解读

作者简介：杨玲（1982—），女，重庆万州人，重庆市万州区上海飞士幼儿园园长，重庆市骨干教师；研究方向：幼儿园早期阅读实践探索。

《幼儿园与小学科学衔接的指导意见》(以下简称《指导意见》)及《幼儿园入学准备教育指导要点》(以下简称《指导要点》)等文件精神,笔者认为做好入学准备教育即帮助幼儿适应生活。

课程是做好入学准备教育的有效载体,幼儿园从明晰课程价值、明确实施路径、优化课程结构、夯实课程实施入手,积极践行"入学准备教育"。

一、课程为本,为幼小衔接立标

幼儿园基于内生发展基因、趋势分析、理念溯源,建构了幼儿园"阅读+"课程体系。

(一)课程目标:亲悦读 善阅读 融生活

亲悦读,指阅读兴趣,从阅读状态上重"悦"。善阅读,指有自主阅读的能力,从阅读能力分析重"善"。融生活,指阅读价值,以丰富生活经验、美好生活为旨,从形式上重"融"。在此基础上细化了各年龄段目标。

(二)课程框架:阅读"阅读+"

阅读,以语言领域、分享阅读、经典阅读为主,通过集体、小组、独立阅读形式,发展口头语言、书面语言、阅读策略的基本知识与技能,获得语文、形式、语用、策略发展。"阅读+",以经典阅读、联享阅读、一日生活融合渗透为主,通过感知、体验、实作,运用阅读经验,提升阅读品质,并以阅读为资源载体、工具、学习方式,获取信息,获得基于阅读的全面发展和阅读经验的蛛网连接。

(三)实施路径:活动融合 环境渗透

课程实施始于师幼的疑问、兴趣,体现园本性。课程轨迹、进度、内容、预设与生成的平衡等均来自师幼的主动探究与学习过程，体现师幼共构。通过活动融合、环境渗透双体系推动课程实施。

（四）课程保障及评价

以"1+N"的课程管理机制、教研活动形式、师培师训菜单、课程审议保障课程稳步、有效实施；从幼儿、教师、课程本身三个维度出发，以发展性评价、指导性评价、多元性评价为主要方式，进行过程、结果的监控和导向。

分析"阅读+"课程目标、内容框架及实施路径，"阅读+"园本课程整合了入学准备各项发展目标及内容，帮助、支持、引导幼儿积极做好全面的入学准备。

二、学研行思，为幼小衔接塑形

科学入学准备是幼儿园阶段教育的一个重要组成部分，是贯彻落实《幼儿园教育指导纲要》《3—6岁儿童学习与发展指南》的基础内容，是提升保教质量的必然要求。通过学研行思，再次深入研析课程，对话准备，让入学准备教育更加具象。对此，梳理出幼小衔接的课程要素：适应生活。

适即适情率意，建立对陌生环境适应的积极情感，在与环境的不断调适中达到平衡，对小学生活充满期待与向往。应即应知应会，具备适应环境的必备能力、基础知识。生即生气勃勃，拥有适应环境的健康体魄，积极、向上、阳光的生命成长样态。活即活力无限，好奇、好问、好学，保持对未知事物积极学习探索的兴趣。分析课程要素与"阅读+"园本课程融合、与《幼儿园入学准备指导要求》对应关系，进一步明确幼小衔接课程体系。

（一）回溯课程，完善框架

研析幼儿园园本课程结构、框架内容，与《指导要点》连接，将"内容"模块与"教育建议"深度匹配。研析幼小衔接与园本课程融合，找准课程融点，明确课程亮点，完善课程盲点，形成入学准备教育的"3+1+1"课程模式。明确了入学准备教育不是额外增加课程内容、活动量，而是对现有课程的优化、提质，即"提质精量"发展目标。

（二）分步实施，科学准备

幼儿园的游戏、生活、运动、学习都在为幼儿做全面、积极的入学准备。优化保教一日行为，提高一日生活各环节质量，将科学入学准备各项发展目标分化、落实到幼儿一日生活各环节，形成"线面融合，点上落实"的实践方式，进一步清晰课程盲点，完善课程结构。近阶段，以"自主能力"为中心，小班聚焦生活环节、中班聚焦运动环节、大班聚焦游戏环节，培养幼儿自主学习意识、习惯及能力。

（三）思行结合，评价引领

通过分层、分段、分块研读《指导意见》和《指导要点》，熟悉内容、明确要求、掌握原典、紧扣宗旨。形成了"课程融合、分段推进、以幼为本、发展为核"的准备共识。结合幼儿园实际，研制"幼儿园科学准备评价指南（试行）"，以发展性评价指导、调整、引领课程建构与实践，检核入学准备的科学性、适宜性、整体性。

三、全域融合，为幼小衔接品行

入学准备教育实施路径：3+1+1

（一）3：3年融合，全面准备

入学准备有机融入幼儿园3年课程计划，全程、全域、全面整合，从小班开始逐步培养健康的体魄、积极的态度、良好的习惯、阅读的兴趣、劳动的意识、运动的能力、学习的习惯等基本及关键素质。以"阅读兴趣培养"为例，尊重幼儿学习方式，遵循年龄发展特点，以"班本微课程"为基本实施路径，从阅读兴趣与习惯、阅读知识与经验等几个维度逐步影响幼儿。

案例：入园晨间活动（4月）

小班：以绘本《情绪小怪兽》为载体，感知自己的情绪，并与同伴积极交流自己情绪故事。在教室门口附近设置"情绪签到区"，迁移颜色与情绪配对的经验，把自制的名牌夹到对应的情绪绳上，遇到同伴自然交流：我很开心，因为……；我有些不开心……；你很快乐吗？核心价值：（1）情绪配对。认识并表达自己的情绪，尽量保持愉快稳定情绪（情绪，记忆，理解）。（2）夹名牌。手指肌肉灵敏及力量练习，精细动作的发展（健康）。（3）自由交流。尝试用完整、连贯的语言表达，创设环境，丰富表达内容（语言–交流与表达）

中班：以绘本《我的一天》为载体，感知一天能做的事情，尝试以规划和记录的形式知道度过的一天，悦纳自己。规划晨间活动，做值日生计划，准备值日生述职……幼儿以自己的兴趣为主制定晨间活动（区域活动）规划，其后尽量按照规划自主活动，轮值值日生在值日生文化牌上自主选择值日生内容，并准备其后的述职（共同确定基本内容：做什么，怎么做）。核心价值：（1）活动规划。尝试有计划地做事情，尽量按计划游戏后逐步反思和调整（学习）。（2）值日计划。按自己的兴趣和特长选择适宜的工作，初步萌发为别人、集体服务的意识，并获得成就感（劳动）。（3）值日述职。家园联动，有准备地完整讲述一段话（语言–表达）。

大班：以《小阿力的大学校》为载体，感知入园时间的早晚，在独立准备值日生相关的过程中关注周边环境，幼儿入园时以符号（学号或名字）签到，归类到对应的时间段，并在统计表中做符号，轮值值日生依托环境以记录表的形式独立做好述职准备。核心价值：（1）签到。尝试出现自己的名字，认识并感知时间及生活中的数学（前书写，数发展）。2.值日生准备：认识并运用周围环境，尝试用符号记录（前书写、环境适应、

劳动认识）。3.述职：尝试用完整、流畅、生动的语言讲述（语言-叙事性讲述）

（二）1:1日生活融合，尊重规律

充分理解和尊重幼儿的学习方式及特点，把入学准备教育目标和内容融入幼儿一日生活、游戏、运动、学习当中，以幼儿喜欢的、熟悉的方式，通过自主体验、主动探索，融入园里的晨间活动、集体与小组学习、个别探索环节，家园联动，引导幼儿基于兴趣的持续探索，逐步做好身心各方面的准备。

案例：为自己掌勺

自理能力是生活准备中一个重要的方面。与幼儿园"饭来伸手"不同，小学需要学生自己准备餐具、自己取餐、自己整理。为培养这一能力，我们采取阅读渗透、生活实践、分段擂台的形式有序推进。以绘本《我自己》为中心，激发自我服务的意识和成长荣誉感，结合班级文化"今天我值日""擂台榜"，分解进餐环节中自理能力发展目标，利用午餐环节循序渐进地培养。见表1。

表1 各年龄段进餐环节自理能力发展目标

进餐环节自理能力发展目标		
阶段	发展目标	具体行为
小上	能独立进餐，有不挑食、保持身体干净的意识	在成人的提醒下餐前洗手。 能使用勺子独立进餐
小下	有愉快的进餐情绪，不挑食。能保持身体、桌面干净	在成人的提醒下做好洗手、取用餐巾、渣盘等准备工作。 准确表达用餐需要，保持身体、桌面干净整洁
中上	保持良好的个人卫生，有自觉洗手的习惯。 乐意为别人服务	自觉做好餐前洗手，值日生检查。 值日生帮助每组放置好勺子、餐盘

续表

阶段	发展目标	具体行为
中下	分小组准确地准备好餐具,并能分类放置餐具。 保持进餐"三净"	值日生按每组人数准确准备好餐具。 进餐后能按勺、盘、碗分类且按一个方向归置。保持"三净",餐后自我检查并评价
大上	能主动承担力所能及的劳动。 尝试使用筷子,尝试自己盛饭	尝试用筷子进餐。 再次添饭时尝试自己添加。 值日生尝试分工做好整理桌子、擦桌子、扫地工作
大下	能按需要取餐。不浪费粮食。 能分类整理和保管好自己的物品	值日生做好整理桌子、擦桌子、扫地、拖地、归置桌椅,并尽力做好。 最后一月能自己按需盛饭。最后一周自带餐具,餐后冲洗、整理

利用生活各环节及班级管理契机,帮助幼儿提高自理能力、管理能力,养成劳动意识,为顺利适应小学生活打下基础。

(三) 1∶1个主题,突出重点

在大班下学期,以《你好,小学!》为主线,开展"心中的小学""身边的小学""我做小学生"等系列活动,萌发幼儿对小学的积极向往,从而主动、积极地做好全面准备。以课程实例"你好,小学!"为例,活动涵盖家庭、小学、幼儿园,以问题为导向,解决并梳理离园、入学的事儿,积极做好身心、生活、社会、学习方面的准备。

案例:你好,小学

大班最后一个主题确定为"你好,小学",通过主题活动,有针对性地开展幼小衔接的相关内容,重点培养幼儿对小学的积极期待和向往,帮助建构入学准备经验。围绕"小学憎巴拉""走进小学""我的小学计划"三个阶段,通过课程调整、氛围营造、作息适应等,让幼儿置身小学场景。见表2。

表2　主题计划表

\multicolumn{3}{c}{"你好，小学"主题开展计划表}		
主题目标	\multicolumn{2}{l}{引导幼儿了解小学生活，激发进入小学的愿望，进一步养成良好的学习习惯，丰富和提高自理能力、情绪管理能力、表达表现能力、社会交往能力，促进幼儿形成主动学习的态度和品质}	
环境与材料	\multicolumn{2}{l}{绘本：《小阿力的大学校》《我上小学了》《小魔怪要上学》《大卫上学去》《不一样的上学日》； 图片：上海小学、移民小学平面及实景图； 环境氛围：作息调整、座位调整、生活方式调整、班级环境调整（座椅摆放、区域调整）}	
主题活动设计	小学懵巴拉	预设活动：《小阿力的大学校》、小学知多少、小学大问题
	走进小学	预设活动：参观小学、小学生体验日、做客我班
	我的小学计划	预设活动：《我上小学了》、我是小学生、给一年级的我的一封信

通过参观、体验等活动丰富幼儿对小学的直观感受和积极体验，通过有趣的游戏和活动，以问题为核心，激发幼儿好奇、好问、好学的兴趣，通过阅读、整理、记录、集体讨论等学习方式，提升学习能力，主动建构入学准备经验。

"阅读+"园本课程背景下的幼小衔接，即凸显出全程、全域性，在有效、深度的融合中，实施路径、课程资源、领域链接等，以更加充分体现出"阅读"元素，凸显自主学习品质，让幼小衔接更加具有生活性、游戏性、书香味。

参考文献

[1]徐则民,上海市幼儿园幼小衔接活动指导意见[M].上海：上海教育出版社，2020.

[2]周兢,早期阅读发展与教育研究[M].北京：教育科学出版社，2007.

巫溪县学前教育存在的问题及对策研究[①]

革小娟　谭　伟　刘鑫淼

摘要：本研究采用访谈法和实地调查法，对重庆市巫溪县2019—2021年127所幼儿园的办园质量及796名幼儿教师的专业能力现状与问题进行调查分析。研究结果表明：民办幼儿园保教质量低，师资队伍紧缺且专业能力不足，幼儿教师待遇低导致师资队伍不稳定，基础设施不全面，家庭教育参与程度低。针对存在的问题，提出提高民办幼儿园保教质量，提升幼儿教师队伍的数量和质量，提高幼儿教师待遇，加强学前教育财政投入力度并鼓励社会力量参与办园的政策建议。

关键词：学前教育；幼儿教师；学前教育质量；家庭教育

一、引言

学前教育作为启蒙教育，是幼儿人生赛道上的起跑线，3—6岁是幼儿性格和习惯培养的关键期，对幼儿整体发展尤为重要。卢迈等（2020）

作者简介：革小娟（1999—），女，重庆巫溪人，重庆三峡学院财经学院硕士研究生；研究方向：农村教育与管理。谭伟（1981—），女，重庆忠县人，重庆三峡学院财经学院副教授；研究方向：农村发展与管理。刘鑫淼（1999—），女，重庆巫溪人，重庆三峡学院财经学院硕士研究生；研究方向：农村发展。

① 本文所指的幼儿园数量、教师数量及幼儿数量都是采用均值计算。

指出儿童早期发展阶段每投入1美元,将获得4.1—9.2美元的回报;在美国,这一回报在7—16美元之间。学校教育阶段和成人继续教育阶段的投资回报分别只有2∶1和3∶1,所以投资儿童发展比投资青年和成人教育培训更有效[1]。改革开放以来,我国教育事业取得了巨大进展,学前三年入园率不断上升、幼儿教师队伍不断壮大、教师专业能力不断提升、学前教育投入持续增加、城乡学前教育差距得到改善、学前教育意识明显提高。然而在发展中也暴露出诸多问题,这些问题引起了教育界和学术界的讨论和研究。

在基础设施方面,王雪芹等(2022)研究发现部分幼儿园的基础设施条件极为简陋,现代化多媒体教学设备还未普及。园区缺乏固定的室内活动场所、教具玩具和游戏材料,游戏活动较难开展[2]。龚欣和李贞义(2019)认为农村幼儿园室内外环境创设单调,不具教育性和儿童性。绝大多数幼儿园在室外环境的创设方面没有做到美化、绿化、趣味化和教育化,更没有突出本园和本地特色,走廊环境创设也缺乏儿童性、艺术性和多样性[3]。卢迈等(2020)认为农村幼儿园教育硬件设施条件差,潜在安全隐患较多,幼儿园采光、基本卫生、厕所设备与卫生情况普遍差。此外,李家黎(2019)表示农村地区在学前教育的教学内容中音乐、美术、体育、科学比重较低,教学活动"小学化"现象严重,缺乏对幼儿心理及生理发展的关注[4]。王秀萍和汤凤霞(2019)表明我国早期全盘"盲目模仿"苏联分科课程,强调系统知识和直接教学在儿童发展中的重要作用,导致学前教育"小学化"的影响至今难消除[5]。

在教师专业能力方面,胡马琳和蔡迎旗(2020)根据2017年《中国教育统计年鉴》的数据计算出我国农村地区幼儿园教职工与在园幼儿比约为1∶15.8,专任教师与在园幼儿比约为1∶26.2;城市地区教职工与在园幼儿比约为1∶9.7,专任教师与在园幼儿比约为1∶17.4。农村地区幼儿园教职工配备不仅明显低于城市地区幼儿园,甚至远远低于《幼儿园教职工配备标准(暂行)》所规定的1∶5—1∶1标准,并且农村专任幼儿教师以高中、专科学历为主,很大一部分教师未取得幼儿园教师资格证,不具备从教资格[6]。仲米领等（2021）的研究也证明了农村幼儿教师专业能力不足[7]。张琴秀和郭丹（2018）通过调查发现有95%以上的农村幼儿教师希望获得培训，但是由于培训内容和形式单一不能满足不同幼儿教师的需求[8]。

在教师待遇方面，庞丽娟等（2021）认为农村幼儿教师总体工资收入低、社保缺失、整体待遇低[9]。许文静（2019）调查发现59.4%的农村幼儿园园长和77.19%的农村幼师没有编制，编制名额少、不同性质幼儿教师待遇差距大、存在同工不同酬的现象，导致师资队伍流动性大[10]。严仲连等（2021）的研究也支持这一观点[11]。虞永平和张斌（2018）研究发现，非在编教师工资主要来自幼儿园的保教收费，因此工资水平较低，稳定性弱。有些地区非在编教师的薪酬仅为同工龄在编教师的一半甚至三分之一，不少公办园非在编教师和民办园教师还未享有国家规定的足额足项的社会保险和住房公积金；大量面临退休的非在编教师养老保障问题尚未得到有效解决[12]。

在家庭教育方面，于春堂（2010）认为农村地区家庭教育责任缺失，农村剩余劳动力外出打工，孩子留在家中由老人照顾，父母极少履行抚养义务[13]。许文静（2019）指出农村地区的家庭教育意识薄弱，导致儿童看待事物的认知能力差且更容易简单化，不利于孩子健康人格的养成。于春堂（2010）认为农村学生家长教育观念落后，对孩子的学习漠不关心，认为孩子的教育是老师的事，他们只负责在经济上和生活上满足子女的需要，把教育子女的责任完全推给学校[14]。

乡村振兴战略背景下，农村学前教育在乡村人才振兴、文化振兴和产业振兴方面发挥着重要作用。胡马琳和蔡迎旗（2020）指出发展农村学前教育能为未来乡村建设培养和积蓄人才，农村幼儿园不仅是培养优秀传统文化、普及先进科学知识，更是培养优良家风家规，促进乡风文明建设的主阵地。除此之外，学前教育在推动乡村治理、村务管理、提升村民素质、改善村容村貌等方面都有重大意义。巫溪县是国家乡村振兴重点帮扶县，经济不发达、教育落后、学前教育意识淡薄。本文以巫溪县为例，通过大量实地调研和访谈进行深入研究，探讨巫溪县学前教育发展中存在的问题，并多角度提出对策建议，以期能够促进巫溪县学前教育的高质量发展。

二、现状

巫溪县面积4030平方公里，辖32个乡镇（街道），户籍人口54万。巫溪县位于重庆市东北部，以山地为主，交通不便，离主城区较远，是典型的山区农业县，经济收入主要是靠农业，工业十分落后。在重庆市38个区县中GDP排名倒数第二，是国家乡村振兴重点帮扶县。笔者对2019—2021年巫溪县学前教育情况进行调查后发现，全县共有127所幼儿园，其中，公办幼儿园66所（占52%），民办幼儿园61所（占48%）。全县幼儿园在园幼儿人数12409人，其中，公办幼儿园在园幼儿人数5182人（占42%），民办幼儿园在园幼儿人数7227人（占58%），可见，公办幼儿园所占比例虽然大，但在园幼儿人数少于民办幼儿园。全县共有幼儿专任教师796人，其中，公办幼儿园教师360人（占45%），民办幼儿园教师436人（占55%），师生比1∶16。学前三年入园率为85%。此外，从巫溪县幼儿园班级人数来看，严重超过国家规定的小班（3周岁—4周岁）20—25人、中班（4周岁—5周岁）25—30人、大班（5周岁—6周岁）30—35人、混合班小于30人的要求，大班化严重。见表1。

表1 2019—2021年巫溪县学前教育情况统计表

年份	幼儿园总数（所）		在园幼儿总人数（人）		专任教师总人数（人）		学前三年入园率（%）
	公办园	民办园	公办园	民办园	公办园	民办园	
2019	62	62	5537	7026	352	502	83.9
2020	64	62	4622	7731	335	478	85.1

续表

年份	幼儿园总数（所）		在园幼儿总人数（人）		专任教师总人数（人）		学前三年入园率（%）
2021	72	61	5388	6925	394	328	85.8

数据来源：巫溪县教委

三、巫溪县学前教育存在的问题

（一）民办幼儿园保教质量低

表1数据表明，2019—2021年巫溪县公办幼儿园数量大于民办幼儿园的数量（66∶61），但公办幼儿园在园幼儿人数少于民办幼儿园在园幼儿人数（5182∶7227）。众所周知，民办幼儿园在基础设施、教学理念、师资力量等方面相对公办幼儿园要好，但这种情况在经济欠发达地区是相反的。虽说政府一再提倡要加大对学前教育的投入，但因为巫溪县经济发展水平落后，财政收入有限，很难保证学前教育经费投入的充足性，所以对巫溪县民办幼儿园的扶持力度小。再加上民办幼儿园市场监管不严格，保教质量参差不齐，所以就巫溪县而言许多民办幼儿园在教师队伍、学习环境、课程体系、管理方法等方面不及公办幼儿园。高质量民办幼儿园以追逐利益为目的，学费昂贵，一般的家庭负担不起。综上所述，占比较大的民办幼儿园的保教质量拉低了巫溪县幼儿园的整体保教质量水平。

案例一：与巫溪县教委负责人W先生的访谈

W先生表示，受巫溪县经济发展水平的影响，我县学前教育保教质量普遍偏低，尤其是民办幼儿园。民办幼儿园以营利为目的，办学规模小，师资力量差，教师待遇低，管理水平低，尤其缺乏专业的园长，就目前为止，巫溪县许多幼儿园园长都是由专任教师兼职，没有专职的园长，因此导致巫溪县民办幼儿园保教质量偏低。

W先生指出，《乡村振兴战略规划（2018—2022年）》提出优先发展农村教育事业，每个乡镇至少办好1所公办中心幼儿园。但这需要很大的财政投入，没有财政支持很难实现，所以W先生提出要加大财政对学前教育的支持力度，大力发展普惠性幼儿园，提高巫溪县学前教育保教质量。

（二）师资队伍紧缺且专业能力不足

巫溪县幼儿教师队伍存在两个突出问题：一是数量不够，二是质量不高。因此，幼儿教师队伍建设有两个目标：增加数量与提高质量。先说幼儿教师队伍的数量问题，笔者对巫溪县2019—2021年幼儿园在园幼儿及专任教师人数统计数据进行分析（见图1），发现近三年巫溪县幼儿园在园幼儿12409人，专任教师796人，平均师生比1∶16，远低于《幼儿园教职工配备标准（暂行）》中规定的全日制幼儿园教职工与幼儿的比例1∶5—1∶7。

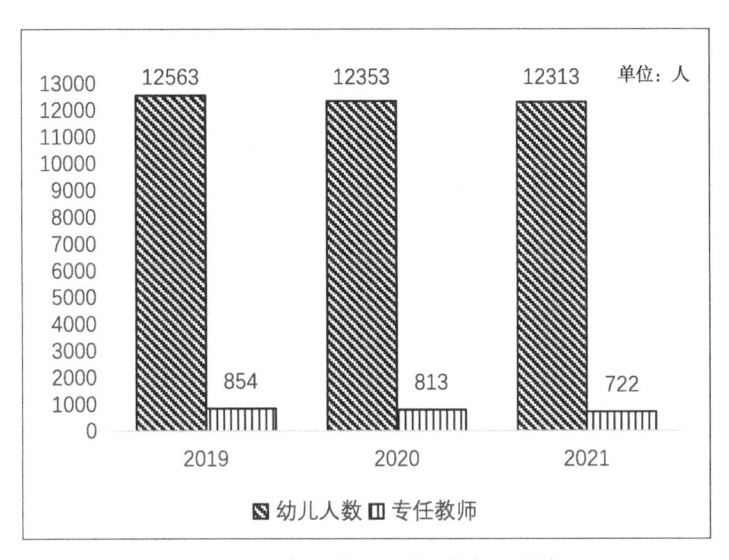

图1 巫溪县在园幼儿及专任教师人数情况

幼儿园教师的专业能力是教师综合素质最突出的外在表现，直接影响着幼儿教育的质量和幼儿的健康快乐发展[14]。笔者对巫溪县幼儿教师学历、有无教师资格证、是否参加职后教育等综合方面进行研究，结果表明，在巫溪县796名幼儿教师中，专科或中专学历占73%、本科学历仅占27%，并且其中54%的幼儿教师都集中在地理位置和薪资待遇较好的独立公办幼儿园。幼儿教师资格证是幼儿教育行业从业教师的许可证，是当一名老师必备的敲门砖，但调查发现巫溪县仍有20%的幼儿教师尚未取得幼儿教师资格证。见图2、图3。在访谈中提到幼儿教师的职后教育时，绝大多数幼儿教师表示希望参加职后培训，因为这不仅有利于开阔视野，而且对提高自身素质和教学质量有重要帮助。但仍有部分农村幼儿教师认为职后教育毫无必要，一般都是因为上级领导要求而被迫参加培训。从幼儿教师培训的方式看，巫溪县幼儿教师最普遍的培训方式是到凤凰职高进修校参加讲座，或者到办学条件较好的幼儿园观摩学习，培训方式单一且针对性弱。整体而言巫溪县师资队伍缺乏且专业能力低，保教能力欠佳。

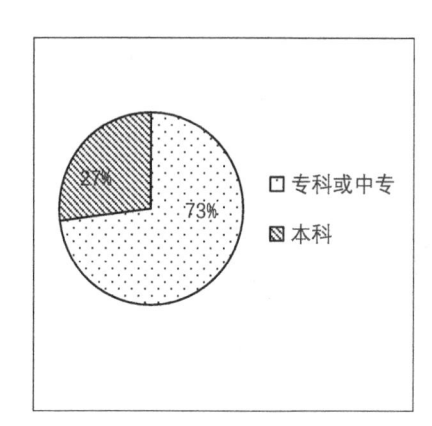

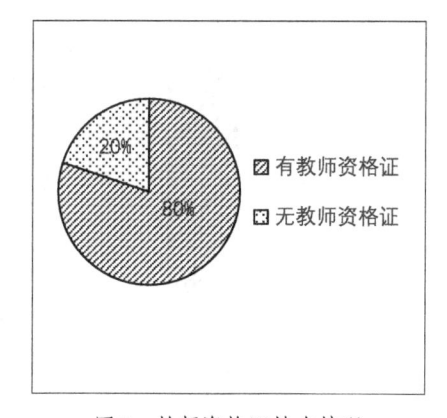

图2 幼儿教师学历情况　　图3 教师资格证持有情况

案例二：与巫溪县P镇民办幼儿园L园长的访谈

L园长，女，29岁，专科，有教师资格证，无园长岗位培训合格证书。L园长介绍她所在的幼儿园共有专任教师6名（其中两名有教师资格证），幼儿127名，保安1名（65岁），炊事员1名，无保育员，无医务人员。L园长告诉笔者，由于农村离城市远、交通不便、娱乐设施少等原因，使得许多年轻教师不愿意留在农村。再加上幼儿园幼儿数量多，教师数量少，师生比高，教师工作任务繁重，并且教师工资低（1500元/月），所以很难招聘到优秀的幼儿教师。但幼儿园为了持续经营不得不聘请学历低、非本专业或是没有教师资格证的教师来维持幼儿园的运行，因此许多农村民办幼儿园普遍存在教师数量不足且质量不高的现象。

（三）幼儿教师待遇低导致师资队伍不稳定

尽管幼儿教师工作任务繁杂，晨检、早操、做游戏、吃饭、午休、起床洗漱等事情事无巨细，但仍有许多家长认为幼儿教师就是"高级保姆"，对教师呼来唤去，这种现象在农村更严重，这会降低幼儿教师的职业幸福感。巫溪县幼儿教师的月平均工作在2000元左右，这对生活在巫溪县这种消费水平高的小县城是不够的，尤其对有家庭的教师而言，上有老下有小，车贷房贷，生活压力大，生活质量低。笔者在调查时了解到，巫溪县幼儿园基本都给幼儿教师购买了"五险"，但除几所较好的公办幼儿园外，大部分幼儿园都未购买"一金"。此外，巫溪县不同性质幼儿园教师待遇差距大，公办幼儿园在编教师月平均工资约5500元，非在编教师约3000元，而许多农村民办幼儿园教师工资还不到2000元，不及在编教师的一半，这种同工不同酬的待遇严重影响占比较大的非编教师工作积极性和师资队伍的稳定性[15]。

案例三：分别对巫溪县某公办幼儿园编内Z老师和某公办幼儿园编外Q老师进行访谈

Z老师，女，30岁，本科学历，工龄7年，有教师资格证。Z老师表示自己所在幼儿园的保教质量在整个巫溪县来说都排名靠前，而且本园的教师待遇也非常不错，每个月基本工资加上绩效、补贴等福利零零碎碎有6000多元，每月都有存款，Z教师表示对自己的薪资非常满意，哪怕苦点累点都没关系，工作积极性高。

Q老师，女，24岁，专科，工龄3年，有教师资格证。当笔者询问Q老师工资时，Q老师似乎很回避，后来Q老师告诉笔者工资实在太低，不好意思开口。Q老师说幼儿园的非编教师未购买"五险一金"，都是固定工资（1700元/月），工资很低，连自己都养不活，经常需要父母贴补自己的生活，感到很惭愧，所以Q老师很认真地准备编制考试，想以此提高薪资待遇，但由于巫溪县编制名额少，竞争压力大，Q老师考了三年也没有成功，Q老师非常焦虑，工作积极性也很低。

（四）基础设施不全面

调研发现，巫溪县包括公办幼儿园在内的绝大多数幼儿园都达不到《幼儿园管理条例》规定的办学条件，主要表现在：（1）基本用房不足，家庭作坊式幼儿园较多。大部分幼儿园由居民楼和商业门市房简易装修而成，基本用房配备不起，用房面积不达标、活动室面积小，室外活动空间小或是无室外活动产地。（2）配套设施不达标，大部分幼儿园配套设施不齐全，特别是小学附设幼儿园基本是和小学师生共用厕所和洗漱设备，卫生条件差。甚至许多农村民办幼儿园由于场地小，未给幼儿提供午休场所，夏天幼儿只能趴在桌子上午休，冬天则提前放学。（3）玩教器材单一，实地考察发现许多幼儿园都配备有常见的滑滑梯、木马车、彩泥、电视等娱乐设施，没有电脑、多媒体、钢琴等现代高端设备。（4）人员配备不齐全，《幼儿园教职工配备标准（暂行）》中提出我国全日制幼儿园每班要配备"两教一保"，"两教"即一个班配两名专任教师，主要负责孩子的教育教学工作；"一保"即保教员，主要负责孩子生活上的一些工作。据表2可知，巫溪县达到"两教一保"要求的班级为150个，仅占35%、

"一教一保"班级占比39%，无保教员班级占26%，并且许多幼儿园的保教员未取得保教员资格证，出现"农村阿姨"在幼儿园当保姆的现象。除此之外按照国家有关规定，幼儿园还应该配备医务及保安人员，但农村甚至是城市的许多幼儿园都没有医务室，而保安大都是"老大爷"。

表2 巫溪县"两教一保"占比情况

年份	班级总数（个）	两教一保（个）	一教一保（个）	无保教员（个）
2019	427	128	164	135
2020	438	151	166	121
2021	429	170	175	84

数据来源：巫溪县教委

（五）学前儿童家庭教育参与程度低

巫溪县学前儿童家庭教育参与程度低主要有三个原因：一是巫溪县是个农业县，工业发展落后，大多数青壮年为了生计被迫外出务工，导致留守儿童数量多。如图4所示，据统计，巫溪县留守儿童数量占总幼儿数量的1/4，留守儿童主要由老一辈照顾生活起居，其中绝大多数的老人由于身体不好、受教育程度低很难辅导幼儿学习。并且许多幼儿园为了方便与家长联系都建了班级群，消息通过微信群的方式告知家长，但许多老人不会使用智能手机，所以不能及时对老师的消息给予回应，减少了学校和家长的联系。二是新生代年轻父母大都有较高的文化程度，但缺乏责任心，只顾自己享乐，只生不教，对孩子采用"自由放任"的管理方式，根本不重视家庭教育。三是家校结合不紧密。在幼儿园方面，开展亲子活动和召开家长会需幼儿园提前筹备，这无疑增加了教师和园长的工作量，因此许多幼儿园不愿意开展亲子活动和召开家长会。在幼儿家庭方面，许多父母由于忙于农活或工作不愿意参加亲子活动，以上情况致使家校结合不密切。

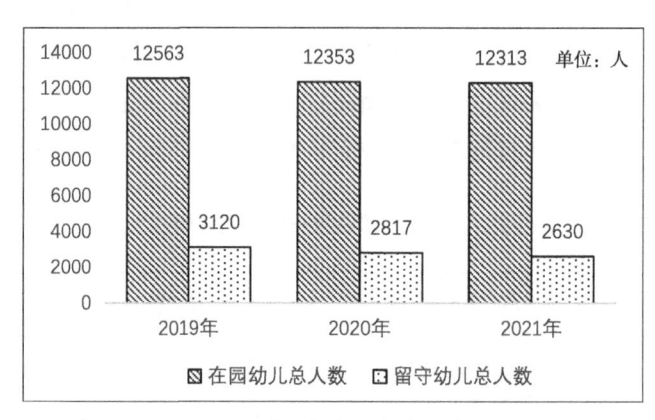

```
              12563                12353                12313      单位：人
  14000
  12000
  10000
   8000
   6000
   4000              3120                   2817                   2630
   2000
      0
             2019年               2020年                2021年
                     ▨ 在园幼儿总人数    ▦ 留守幼儿总人数
```

图4　巫溪县留守儿童占比情况

案例四：与幼儿家长Y女士和W先生的访谈

Y女士，26岁，高中学历，在广州电子厂上班。与Y女士进行交流时，她说等过完年她和孩子爸爸又要外出务工，孩子只能留在家里让爷爷奶奶帮忙照顾。Y女士说："我们也不想离开孩子，我们每次走时孩子都抱着我们大哭，不想让我们离开，我们心里也很难受，但如果我们不外出务工，家里的两个老人和两个小孩吃什么，穿什么？"Y女士说，孩子现在还小，可以趁她读幼儿园期间多挣点钱，等孩子上小学时就自己带，到时候就让孩子爸爸外出务工，自己就留在家里照顾孩子。

W先生，34岁，专科学历，出租车司机。W先生说自己早期创业时，由于公司管理不善，欠下20多万元的债务，经济压力大，孩子的妈妈是一名护士，由于在新生儿科，也非常忙，所以他俩经常早出晚归。孩子都是由外婆接送，假期他们都是将孩子送到艺术培训机构或者让外婆带回农村老家玩。W先生说虽然他们都待在孩子身边，但由于工作很累，有时候回到家倒头就睡了，陪伴孩子的时间很少，有时甚至学校组织的亲子活动都是外婆参加。

四、提高巫溪县学前教育水平的建议

（一）提高民办幼儿园保教质量

首先，应严把普惠性民办幼儿园入门关。政府应制定明确的等级认定标准，严格按照自愿申报、组织认定、核定收费标准、公示挂牌的程序发展普惠性民办幼儿园，为此应成立结构科学合理的评审专家委员会，吸纳社会贤达和家长参与。其次，应建立健全普惠性民办幼儿园淘汰机制，使民办幼儿园举办者进得来、办得好、出得去。最后，应建立一支精干、专业的学前教育管理和指导队伍，落实对普惠性民办园的日常管理与指导，为此，应健全各级学前教育管理机构，配备数量充足、专业性强的幼教专干和教研员队伍，保持市、县（区）等各级学前教育管理和教研机构之间业务上的紧密联系，确保学前教育发展政策能够得到准确解读和有效落实[16]。

（二）提高幼儿教师队伍的数量和质量

首先从数量上来说，一是扩大"三支一扶""西部计划""定向师范生"等政策招收人数，提高参与人员福利待遇，鼓励更多高校优秀毕业生到经济欠发达地区开展支教工作，从而壮大幼儿教师队伍。二是提高幼儿教师的社会地位，消除对幼儿教师的偏见，增添幼儿教师的职业幸福感，从而吸引更多学生报考幼儿教师专业。

其次从质量上来说，一是加强幼儿教师师德师风建设，建立健全幼儿教师资格准入制度、定期注册制度，落实幼儿教师持证上岗制度和教研工作机制，不断提高幼儿教师队伍的整体素质。二是巫溪县教委应健全教师培训制度，组织多形式、广覆盖的培训活动，满足幼儿教师培训多元化需求。三是设置教师考评机制，在期中或期末开展教师满意度调查，对满意度测评高的教师给予资金或实物奖励，从而激发幼儿教师的工作积极性。

（三）提高幼儿教师待遇水平

一是提高幼儿教师工资待遇。工资是保障幼儿教师基本生活的重要来源，提高幼儿教师待遇对解决幼儿教师队伍不稳定和质量不高的问题具有重要意义。在调研中发现，巫溪县大多数农村幼儿教师的工资是按照重庆市人力资源和社会保障局发布的最低工资标准（2000元/月）发放，有些甚至低于最低工资标准。教师工资标准应该严格按照《中华人民共和国教师法》规定，平均工资水平不低于当地公务员的平均工资水平。二是地方各级人民政府应该对到农村和边远地区从事教育工作的教师，另外给予补贴。县、乡两级人民政府应为农村幼儿教师解决住房提供方便。三是完善幼儿教师保障制度，增加幼儿教师编制名额，缩小编内教师与编外教师的待遇差距。此外，从问卷报告中可以看出幼儿教师多为女性，因此可以增加女教师的其他福利，如给予延长产假时间、设置哺乳室、增加痛经假、三八妇女节和教师节休假半天等特殊照顾。切实保障公办幼儿园教师工资待遇，确保教师工资及时足额发放。

（四）加大学前教育财政投入并鼓励社会力量办园

教育投入是学前教育发展和质量提高的基础性物质条件，教育投入水平的高低也在一定程度上决定了学前教育发展的整体水平[17]。巫溪县由于经济发展水平低，没有多少资金，很难保证学前教育经费投入的充足性，因此经费从何而来成为头疼问题。付为东和沙苏慧（2020）提出将财政责任上调至省级政府，让中央政府或省级政府成为学前教育经费的主要承担者，这种财政责任的上调不是说县级政府就可以撒手不管，县级政府应尽快明晰中央和地方政府的投入比例，确保学前教育经费投入充足。对于财政支出有困难的政府应加大资助的金额，确保区域间的学前教育经费均衡投入[18]。除此之外，还要鼓励社会力量办园。政府加大扶持力度，引导社会力量更多举办普惠性幼儿园，与此同时，应加强对普惠性民办幼儿园的监管力度，保障民办幼儿园办园质量。

（五）提高幼儿家庭教育投入意识

家庭教育影响人的一生，对一个人的成才至关重要，若想提高家庭教育质量，需要家庭、学校、社会一同努力。但巫溪县受经济发展水平和落后教育观念的影响，家庭教育意识薄弱。一是教委或妇联可以组织教育专家、优秀幼儿教师通过科普讲座、接受访谈等形式传授育儿经验，宣传家庭教育对幼儿成长的影响，改变落后的教育观念，提高学前教育理念。二是学校通过成立家长委员会，定期召开家长会，教师家访等多种形式增加与家长的联系，幼儿教师应主动汇报幼儿在园情况，积极了解幼儿的居家情况，认真倾听家长的心声，促进家校合作。三是家庭自身应切实履行抚养责任。父母不仅要在物质上履行对未成年子女的抚养义务和监护职责，而且还要照顾子女，为子女提供安全、健康、幸福的生活条件。若父母外出务工，应给幼儿寻找可靠的监护人，若未找到可靠的监护人，应考虑一方在家照顾子女或者将子女带在身边，一同外出。四是建立留守儿童之家。调研发现，巫溪县发展较好的乡镇曾建有留守儿童之家，但因为管理不当，现处于闲置状态。笔者认为可以将旧场所翻新再次利用，聘请专家对管理人员进行培训，并招募社会志愿者，利用周末或假期组织留守儿童参加文体娱乐活动，充实业余生活，为留守儿童营造一个温暖的港湾。

参考文献

[1]卢迈,方晋,杜智鑫,等.中国西部学前教育发展情况报告[J].华东师范大学学报（教育科学版）,2020,38（01）:97-126.

[2]王雪芹.北仑范式对重庆地区农村学前教育的启示[J].中国果树,2022（09）:120.

[3]龚欣,李贞义.贫困地区农村学前教育的发展困境与突围策略：基于41所农村幼儿园的实证研究[J].行政管理改革2019（06）:28-34.

[4]李家黎.农村学前教育发展对乡村振兴的深远影响[J].中国果树,2021（05）:119-120.

[5]王秀萍,汤凤霞.70年来我国学前教育课程改革的历史回顾与反思[J].上海教育科研,2019(12):31-36.

[6]胡马琳,蔡迎旗.乡村振兴战略下的农村学前教育[J].河北师范大学学报(教育科学版),2020,22(04):71-77.

[7]仲米领,秦玉友,于宝禄.农村教师学历结构:功能议题、现实困境及优化路径[J].中国教育学刊,2021(11):81-86.

[8]张琴秀,郭丹.基于农村幼儿教师视角的农村幼儿教师国培项目改进策略[J].教育理论与实践,2018,38(20):32-35.

[9]庞丽娟,贺红芳,王红蕾,等.改革完善不同身份学前教师待遇保障政策制度的思考[J].湖南师范大学教育科学学报,2021,20(06):1-7.

[10]许文静.当前农村学前教育发展问题及其应对策略[J].吉首大学学报(社会科学版),2019,40(S1):267-269.

[11]严仲连,花筝,郑淇淇.我国农村学前教育研究热点与前沿议题:基于1994—2019年相关文献的知识图谱分析[J].教育理论与实践,2021,41(07):25-30.

[12]虞永平,张斌.改革开放40年我国学前教育的成就与展望[J].中国教育学刊,2018(12):18-26.

[13]于春堂.贫困农村家庭教育存在的问题[J].现代教育科学,2010(12):134.

[14]高晓敏,张洁,刘岗.农村幼儿园教师专业能力发展现状及提升对策[J].学前教育研究,2020(06):63-71.

[15]庞丽娟,贺红芳,王红蕾,等.不同性质幼儿园教师待遇保障研究:现状、原因分析与政策建议[J].教师教育研究,2021,33(03):38-44.

[16]雷芳.长株潭三市普惠性民办幼儿园建设存在的问题与对策建议[J].学前教育研究,2014(11):23-28.

[17]李贞义,龚欣,钱佳.学前教育投入"中部塌陷"问题研究[J].教育经济评论,2018,3(04):77-90.

[18]付卫东,沙苏慧.县(区)域公办幼儿教师工资待遇不平衡不充分:难题及破解:基于我国6省(区)16个县(区)160余所幼儿园的调查[J].黄冈师范学院学报,2020,40(04):59-67.

解构主义视域下模板作文的批判与承继研究

赵岩岩

摘要：简要介绍解构主义理论及其在作文教学中的运用。系统分析模板作文的内涵、优劣。从嫁接式、链接式、移植式、结构式等角度对模板作文进行批判。从重塑模板，优化承继；正常入轨，避免跑题；由仿而创，仿中有我等三个角度对模板作文进行承继探究。

关键字：解构主义；模板作文；批判；承继

在欧陆哲学与文学批评中，法国结构主义哲学家雅克·德里达基于对语言学中的结构主义的批判，提出了"解构主义"理论。"解构"概念源于海德格尔《存在与时间》中的"deconstruction"一词，原意为分解、消解、拆解、揭示等，德里达在这个基础上补充了"消除""反积淀""问题化"等意思[1]。解构主义用分解的观念，强调打碎、叠加、重组，重视个体与部件本身，反对总体统一而创造出支离破碎与不确定感。解构主义及解构主义者主张打破现有的单元化秩序，肢解结构本身，然后重新组建、再创造更为合理的秩序。

解构主义理论运用在语文作文教学中，主张对模板作文结构的打破和重组，最终实现对作文写作的再创造。解构主义教学理论并不意味着对作文教学的完全摒弃，而是在传统的写作习惯基础上，突破传统写作的局限

作者简介：赵岩岩，重庆三峡学院文学院研究生。

性，构建新的写作方法。该理论立足于写作教学的初衷，其目的是为了杜绝考试压力下学生提前准备"背诵"材料或照搬写作模板的不良现象，扭转作文教学中存在的偏差问题，最终实现学生写作水平的提升及其文学素养的培养。

一、模板作文的系统阐述

（一）模板作文的内涵探源

模板作文是指运用相似的语言、相似的材料，采用相似的行文方式，表现相似的主旨，透露出相似的情感基调，在横向上表现出"千人一面"，在纵向上无限复制的文章[2]。模板作文中常运用的总分式、并列式、递进式、正反对照式等结构模板，均是在前人的文章中提炼的精髓，且经过了长期的实践证明。这种作文结构模式在应试教育中是行之有效的，每一种模式都是对文章构思的高度概括。

教学中，以提炼出的优秀范文为例，运用模仿法，让学生在写作中由"仿"而"作"，形成套作的写作能力。这种以范文为核心的作文"套作""宿构"练习，很容易出现照搬模板的错误运用，造成考场作文的"模板"现象风靡。模板作文在结构、语言或行文方式上有着通用的特点，学生抓住这一特点，在写作之前将自己积累的资料进行筛选、整理、提炼，进而总结出属于自己的万能作文模板，便于应对写作。学生对这类作文模板烂熟于心，在进行写作时，迅速将自己的万能模板与作文要求相匹配，从而形成模板作文。这类文章表面看似才华横溢，而实际上却缺乏情感，甚至偏离题意要求。模板作文不仅在学生平时的写作训练中频频现身，还大量地存在于考场作文中。

（二）模板作文存在的问题

学生运用模板进行写作的弊端。第一，表现为学生对模板的过度依赖。学生对于"模板"的过分使用与误用，时常造成学生过分地依赖模板或者参考资料，忽视了真实写作能力的提升，从而导致形成浮而不实的写作风气。许多学生认为模板作文能够帮助自己快速完成写作训练，取得较高成绩。然而，一旦脱离了模板的帮助，他们便会感到无所适从、无从下笔。甚至一些学生由于训练不到位，在紧张的考场上大篇幅地照搬优秀模板，造成抄袭的后果。第二，还表现为学生文章内容空泛，脱离现实，缺乏真情实感。学生借助模板的固定格式虽然带来文章结构上整齐的视觉效果，但是也容易因为过度追求模板化造成素材或者论据的简单堆砌，导致作文写作中学生缺乏真情实感，与实际生活脱轨。学生写作缺乏现实生活内容，不能够围绕话题联系自己、他人或社会生活等多方面的现实，导致文章和现实处于隔离状态，给人一种玩文字游戏的感觉[3]。

教师运用模板进行作文教学的弊端。第一，表现为教师对模板概念讲解的混淆，导致学生误入"宿构""套作"等作文形式，进而致使模板写作问题的出现。"模板""宿构""套作"均属于现代的"新八股文"中的几种，它们在性质和方法上各有差异。教师及学生对模板的理解不到位，很容易造成作文教学中的偏差，造成学生文章的命题、主旨、结构、思维等多方面的混乱编排。第二，教师在急功近利的理念指导下，开展真实写作教学的动力不足，于是出现了常依赖模板作文进行教学的现状。教师的作文课程只流于形式为了写作而写作，为了学生取得理想的成绩，也便于自己顺利完成教学任务，常依赖于模板化的作文结构。同时，教师的写作课程也受困于学生写作能力的提升，往往退而求其次选择模板作文教学，这助长了作文模板化的态势。这一现象导致教师教学陷入了一种模板化的误区，然而扭转这种不良现象，顺利推进真实写作的过程却困难重重。

（三）模板作文的利弊导向

写作中模板作文的出现不是一朝一夕，而是由古至今一直存在，回顾唐诗宋词，文人墨客的文章皆有迹可循。在当前作文教学中，模板作文既存在有利因素又存在阻力因素。以下将从利弊两个方面论述模板作文对写作教学的影响。

从模板作文的有利导向来分析在作文教学中的优越性。模板作文在帮助学生提升成绩、避免立意的偏离、呈现文章文采等几个方面大有裨益。一是模板作文可以帮助学生快速地提高成绩,避免因作文成绩不理想影响整体分数。在考试竞争日益激烈的背景下,学生如何在两个半小时的语文考试中崭露头角,如何在短时间内呈现"完美"的作文答卷,此时模板作文起到了非同小可的作用。为此,学生将自己预先准备好的模板进行套用,加之将平时积累的语句、段落或者素材等进行填充,快速组建文章。经过预先加工的模板在结构层面上取得了一定的优势,对作文可观成绩的提高起到了至关重要的作用。二是模板作文为学生避免立意偏离提供了保障。经过教师对学生考试时间安排的调查,发现部分基础薄弱的学生留给写作的时间并不充裕。在这种情况下,很多学生匆忙立意仓促完成写作,导致其立意方向偏离。学生倘若预先准备好作文模板,这将为他们考试时谋篇布局节省时间,为学生认真审题、正确立意争取了机会。此时,学生如果能够将熟悉且不同话题的模板与考场命题正确配型,更为避免立意的偏失提供了双重保险。三是模板作文对快速呈现学生文章的文采,吸引阅卷人眼球方面帮助很大。在平时写作训练时,学生为使自己的文章精益求精,于是在结构工整之际采用华丽的语言、优美的句式来增加文章气势。华丽的语句使得文章条理更加清晰,逻辑更加合情合理。譬如,排比句式增加文章的气势,对偶句读起来具有朗朗上口的美感。这吸引了时间短、任务重的阅卷老师的眼球,并在众多试卷中脱颖而出。以上模板作文的多种优越性对学生写作起着举足轻重的作用。

从模板作文的弊端导向来分析在作文教学中的危害性。模板作文在学生写作中存在的阻力因素可以从背离写作教学的初衷、忽略学生文学素养的培养、影响学生写作能力的提升等多个方面进行阐述。首先,教师和学生对模板作文的过度依赖,背离了写作教学的初衷。作文本是学生表情达意的一种手段,具有个性化的特点。学生和教师由于过度依靠模板作文这种立竿见影的写作模式,导致学生写作兴趣缺乏,文章个性化的实现也望尘莫及。叶圣陶先生在《作文论》中着力强调"训练思想"和"培养情感"对写好作文的重要作用，把它们作为作文训练的"两个致力的目标"[4]。其中思想与情感是文章的要素，也是评判文章的标准。思想的表达体现了文章的行文思路，重在表达学生的真情实感。模板作文看似"规范""整齐"，实则观点表达空泛，缺乏对现实的真实感受，经不起仔细推敲。学生写作脱离现实基础，缺乏真情实感，这与作文教学的初衷相背离。其次，模板作文的长期使用，忽略了学生文学素养的培养。作文教学在语文学科体系中对学生思想、语言和逻辑思维等培养起着关键作用，对学生文学素养的培养理应同样重要。然而，实际教学中，许多教师将重心聚焦到学生写作技巧的训练上，鼓励学生阅读优秀范文或者作文参考书，寄希望于通过仿写来提高学生的写作水平，却忽视了其文学素养的培养。以上作文教学的形式，陷入了一种带着任务写作的误区，长期的模板仿写训练，对学生文学素养的提升帮助微乎其微。再次，模板作文的频繁使用，阻碍了学生写作能力的提升。写作能力的提升是一个漫长、艰辛的过程，需要学生从低年级开始不间断地阅读、训练、修正并加以优化。学生通过增加阅读量，提升其分析概括能力，锻炼其思维能力。然而，在实际教学中，许多教师为了完成教学任务或者为了以高分数回馈家长的期盼，往往急于求成，频繁使用作文模板进行训练。作文模板的频繁使用对低年级的学生提升写作能力影响最为明显。小学和初中学龄段是培养学生写作能力的关键时期，如果此时频繁对学生使用模板训练，将严重影响学生写作能力的培养。同理，对高中阶段学生写作能力的提升也有负面影响。以上模板作文的多种弊端对学生写作带来了重重阻碍。

二、解构主义视域下模板作文的批判探究

时下对作文的批评严厉之声少有超过模板的，甚至作文命题者在要求中也时常地提到："不要套作"。模板现象在很大程度上为作文教学带来了误导。解构主义理论运用于模板作文教学中，主张对作文中多种形式的

模板进行肢解和打破，并批判其弊端。尤其是对嫁接式模板、链接式模板、移植式模板、结构式模板等套作形式中存在的弊端进行批判。

（一）嫁接式模板批判

所谓嫁接是指把一种植物的枝或芽接到另一种植物的茎或根上，使接在一起的两个部分长成一个完整的植株[5]。考场模板作文所说的嫁接，是指在保证切题的前提下，将自己平时训练的作文模板与主题契合的部分剪切下来，嫁接到另一篇作文中去的写法。嫁接的种类包括主题、思维、思想等方面。嫁接式模板作文出现的原因是：学生抓住了这类作文的特点，将自己预先准备的素材或名篇进行拆解和打破，然后嫁接到考场上与之主题相似、结构相近的作文中，或者是将思想和思维相似的材料嫁接到应试作文中。考生无论是嫁接自己的作品还是他人的名篇，在主旨层面与思想的维度上，都需要有一个打碎、融合及重组的思维内化过程。如果学生不能将此过程内化为自己的能力，很容易造成"张冠李戴"的后果。嫁接的不恰当或者失败将成为学生考场作文的败笔。这种嫁接式的模板是一种"走捷径"的方法，与作文教学中提倡的真实写作背道而驰。高中语文新课程标准中明确提出对学生核心素养的要求，语文学科要落实素质教育的任务，就应该从根本上培养学生的人文素养。核心素养的要求落实到作文教学中时，应杜绝嫁接式模板现象的风靡，注重学生文学素养的培养。

（二）链接式模板批判

所谓链接，是指从一个网页指向一个目标的连接关系，所指向的目标可以是另一个网页，也可以是相同网页上的不同位置，亦可以是图片、文件与电子邮件地址，甚至是应用程序。考场作文中，学生把主题看作是一个信息源，从这个信息源出发，建立对应的链接点并进行发散，辐射到自己需要使用的篇章或素材。这些被链接的篇章或素材，在应试前经过考生反复地打磨和整合，去除了其原始的粗糙性。如此周详的考前准备，可以保证篇章及素材的概括化、创新化，满足作文评选规则对素材的硬性要求，也能够避免学生抄袭优秀文章的嫌疑。然而，现实中的考场作文总是事与愿违，大部分考生无法做到成功的链接，而是简单地堆砌素材，造成模板作文的泛滥。紧张的考试中，大部分考生没有能力或者时间对素材进行充分的宿构，导致作文漏洞百出，陈词滥调。链接式模板作文打破了学生的自主性和创新性，背离了作文教学的初衷，其模式化的作文结构造成了应试作文的千篇一律，导致模板之风愈演愈烈。倘若要扭转链接式作文的模板现象，需要对学生平时的写作锻炼做出要求。训练时学生不能照搬原文，应经过自己的肢解与重组，加入自己独特的想法，打造全新的属于自己的文章。然而，链接式模板仅是模板形式的一种，若想从根本上杜绝模板现象的出现，教学过程中就要"授之以渔"而非"授之以鱼"。教师引导学生掌握写作的技能和方法，结合社会现实，融入自己的真情实感，才是作文教学的初衷所在。

（三）移植式模板批判

所谓移植，是指将植物移动到其他地点种植，后引申为将生命体或生命体的部分转移，将身体的某一部分通过手术或其他途径迁移到同一个体或另一个体的特定部位，并使之继续存活的方法。作文的移植，是指在切合题意的前提下，将优秀作文或者节选部分原封不动或稍加改动地转用到应试作文命题里的做法。在考试时，学生由于自身写作能力不足，容易造成移植式模板的失败。其原因主要有以下两种：一是学生混淆移植对象，大篇幅盲目地移植他人文章，而不是移植自己平时积累的文章，大面积的移植容易造成抄袭的后果。二是移植的文章与作文命题的主旨切合度不高，牵强地移植预先准备的文章，容易弄巧成拙。如果移植失败可能会超出考场作文标准的规范，出现作文雷同的现象。这对作文命题者而言，难以达到考察的真实目的；对评阅者而言，也难以洞察学生的真才实学。在教学中，若想尽量避免移植式模板的出现，达到考试时作文"事半功倍"的效果，学生就要平时不断地积累素材、量化训练，提升自己真实的写作能力，在考场上一鸣惊人。

（四）结构式模板批判

所谓结构，是组成整体的各部分的搭配和安排。作文的结构是指文章部分与部分、部分与整体之间的内在联系和外部形式的统一。结构是文章的"骨架"，是谋篇布局的手段，是运用材料反映中心思想的方法。由于考场作文首先呈现给阅卷者的就是结构，因此，结构的清晰明了直接影响着作文分数的高低。在此基础上，作文结构的优劣又与分论点的设置有着直接关系。命题不同的作文分论点设置各有章法，比如，议论文从不同角度去设置并列式分论点，从不同层次去设置递进式分论点；又如，记叙文以时间顺延为序或者以事件发展为序去设置分观点等。综上，不同文体的文章结构是"相对固定"的，有章可循的。因此，许多考生和教师抓住了这个规律，依据不同文体的结构进行预先的宿构。学生在考前准备好自己的结构模块，并反复练习优化，考试时套入使用，最终形成结构式的模板。然而，考场作文的谋篇布局是打破与重组两个互相衔接的阶段，学生如果对两者的关联性把握不好或者衔接不到位，很容易引起作文结构混乱，导致结构式模板的失败。文章的结构布局错乱，其视觉效果会大打折扣，留给评阅者的印象也直线下跌，很可能造成学生与考试机会的失之交臂。考试时为了避免结构式模板现象的出现，应该打破学生对固定结构的过分依赖，从根源上扭转模板之风。教学中，学生以提升自身谋篇布局的思维能力为目标，做到心中有结构有素材，考试时才能做到胸有成竹、临阵不慌、思路清晰。

三、解构主义视域下模板作文的承继探究

模板式作文在启发学生写作，帮助学生总结技巧与规律方面虽有所助益，但在现行的高中写作教学中却时常落入被滥用与误用的窠臼，打破了考场竞争的公平性。然而，模式本身并无过错。中国古典文学中的唐诗、宋词、元曲，都是作者灵活地运用模式以擅长的形式，写熟悉的生活，表

达真情实感所创造的杰出作品。文学样式的发展变化也是借助模式并打破模式，推陈出新的过程。即便是现代的科技发明创造也离不开模仿创新。然而，模板作文的承继不是简单的技术复制，学习优秀文章最重要的是学习其长处，从中获得有益的启迪，为我所用。以下将从重塑模板，优化承继；正常入轨，避免跑题；由仿而创，仿中有我等三个方面对模板作文的优点展开承继研究。

（一）重塑模板，优化承继

对于作文结构而言，解构主义是将其固化的模板进行肢解并继承和优化其优势，重新塑造属于自己的结构。继承优化模板的益处包括两个方面：一是重新组建结构，帮助学生快速完成写作；二是明确命题的文体，帮助学生进行精美的构思。首先，写作中学生可以借助前人总结提炼出来的优秀文章结构模式（如总分式、并列式、递进式、正反对照式等）进行解构，并加入自己想法重新构建符合命意要求的新篇章。在前人基础上构建的模板既能帮助学生节省考场作战时间，又能在不违背学生自主性的前提下于结构层面上略胜一筹。例如，"总分总式"模板结构是经过实践验证过的一种适应性较广泛的典型行文套路。具体来说，文章开头为总括，提出所要陈述事件的整体状况、基本特征或主旨观点；中间的主体部分提出不同角度的分论点，并分别结合事例展开阐述；结尾部分总结照应前文。这种模板的优点是：易于快速构建作文，也易于快速呈现文意和行文思路。学生在平时训练时，对该结构进行拆解，吸取其优点的同时融入自己的想法，重新构建属于自己的行文方式，并经过反复的实践训练将加工后的模板灵活运用到考试中。这样既可以兼顾继承优秀模板的益处又可以尊重学生的自主性、创新性，帮助学生重组结构，快速完成写作。

其次，继承优秀模板亦可以帮助学生明确命意的文体，进行精美的构思。作文命题文体的不同，自然行文方式和结构布局也各具特点。平时作文训练时，学生抓住不同文体的作文类型，反复实践锻炼总结出属于自己的行文思路，在面对不同命意时可以迅速进行匹配，避免因文体的混淆错失机会。学生明确命题文体的前提,是需要掌握不同文体的模板结构。比如,叙述类文体采用"纵向组合,文意跃进"式模板。该结构就是在主旨集中鲜明的基础上,将画面按时间的推移变化而有序安排,同时,画面的内涵也由次到主、由轻到重渐次展开[6]。又如,"七步演绎法"作为应试经典模板的一种常适用于议论文的写作范式,这"七步"包括:引用材料;精要分析材料,提出观点;用过渡句,领起下文;联系典型事例分析论证;总结过渡,关注现实问题;联系现实问题,解决阐明方法;收束结篇,亮明主旨等。不同文体的行文方式及构思效果差距甚大,学生想要在考场上短时间内锁定命题的文体,精准构思,就要牢记不同文体优秀模板的特点。在命意与文体结构确定的前提下,根据优秀模板的行文思路进行自己的精美构思,最终完美呈现作文答卷。

(二)正常入轨,避免跑题

模板作文在帮助学生正确领悟命题意图,避免跑题、偏题方面大有裨益。对模板作文这一优点的承继途径可以包括两个方面:一,通过学生思维训练,紧扣命意主旨。二,通过学生量化训练,积累足够的素材。学生训练的两个角度,帮助他们提炼出属于自己的几种常见的写作模板,便于写作的快速入题。一方面,对学生进行思维训练,保证其文章的逻辑清晰,紧扣命题主旨。每一种写作模板,都是一种构思和谋篇的思维通式,给学生提供的是一种思维方法。就议论文而言,它一般是按照议论的思路安排文章的结构。议论文的构思方式通常包括:一是定点,确立中心论点,即作者的看法和态度;二是辐射,想好分论点,准备从哪几个不同角度或侧面或层次或阶段展开;三是添加,举例引用,准备举哪个典型事例或引哪些切合的名言来论证分论点;四是完善,提炼开头结尾。记叙文结构安排的思路则是紧扣时间、地点、人物、起因、经过、结果等"六要素"展开,用于记人、叙事、写景、状物,主要写人物的经历和事物发展变化的内容。学生可以借助名人名篇或者优秀作文等模板思路进行训练。模板化训练为学生思维建模提供了清晰的逻辑,建立了其作文布局谋篇的积极思维定势，确保了其作文逻辑的有序、顺畅，最终紧扣命题主旨。

另一方面，对学生进行量化训练，不断积累论点素材和论据支撑，实现学生写作能力质的提升。考场作文的较量不是临场发挥的角逐，而是平日里的量化积累。古人云："台上一分钟，台下十年功，"考场作文同样考察的是学生的作文功底。考生若想发挥正常，应将平日里的训练内化为自己的应试技能和写作能力，才能保证考试时的游刃有余。仿写是提升学生素材储备较直接、快速的训练方法。教师可以定期选择一些经典范文在班上解读，点评优秀文章的语言、技巧、布局等诸多方面的妙处，指导学生进行仿写。由此，学生就能在较短时间内步入作文的正轨，避免跑题。学生亦可以选择自己喜爱作家的作品，认真领悟这位作家写作的风格、特点，学习作家的谋篇、布局，进行仿写。优秀的作品必然具有高质量的原因，它是作家用超凡的眼光、敏锐的智慧对社会生活的浓缩与概括，也是文学艺术的凝练。学生学习名人在语言运用方面的长处，收集名人作品中的好素材为自己写作提供基础；训练自己谋篇布局的能力，为作文正常入轨提供保障[7]。学生通过以上多种途径的量化训练，不断积累高质量素材，为写作质的提升打下基础。

（三）由仿而创，仿中有我

写作作为一种将思维与语言文字联结在一起的精神活动，是一种创造性的劳动。因而，学生在对名篇或者名言进行仿写时，应该不断打破陈旧模式，改革创新。作文是学生展示自我、反映生活、表达思想的窗口，学生优美的语言、丰富的情感、独到的见解等，均可以从文章中表现出来。因此，在进行仿写训练时，应该注重以下两个方面：一，尊重学生的个性，保证仿中有我，仿中有新；二，提供开放的教学空间，保证仿中有源。一方面，作文写作应该关心学生的需要，尊重学生的个性，避免僵化的机械模仿。学生个性化创意的培养建立在其写作兴趣的基础之上，通过学生需求与训练要求相结合，激发他们的能动性，调动他们表达真情实感。苏霍姆林斯基说："我把自己写的作文读给学生们听……我看到，当学生从作文里发现他们也曾有过这种体验时，特别激动。当我的作文触动了学生的心弦时，他们会情不自禁地拿起笔来，努力表达自己的情感。"[8]教师个性语言的表达、独特观点的阐述、新意词句的使用以及师生平等的互动等，均容易将学生从对作文敬而远之的态度拉到跃跃欲试的状态。当学生把作文当成释放自己思想、情感、智慧的渠道时，就会乐于写作，实现仿写过程中的创新。

另一方面，需要提供开放的教学空间，保证仿写源于生活，源于情感体验。语文教育家刘国认为："写作是反映生活的。离开生活，写作就没有了灵魂，没有了血肉……写作与生活结合，生气就来了，就活泼了，就牵动了学生的心。"[9]作文素材的积累、见解的独特、构思的新颖等依赖于学生丰富的生活阅历。提升学生作文创新能力要从开阔其视野和增加对生活的感知做起，这就需要开放教学时空，减少对作文创作的强制和封闭。素材来源于生活，方法来自学习后的体悟，两者的结合相得益彰。在作文教学中，教师帮助学生丰富生活，发掘生活中的作文题材，需要引导学生关注生活，留心生活中的一草一木。观察身边不同类型人物的言谈举止，感悟身边人们的喜怒哀乐。还要鼓励学生积极阅读有益的书籍并能联系自身体验与作品对话，从中汲取营养充实自己，促进学生潜移默化地感悟优秀文章的立意、构思与表达方法。例如，教师在讲述写景的作文时，可以鼓励学生集体走出课堂，走进大自然，亲身去感受，观察景色在这个季节具有的独特之美，并将自己的感受写成小作文随笔。又如，教师讲授完《老王》后，组织学生也来写一写生活中的小人物。教师组织学生以三人为一个小组到学校周边的超市里购买学习用品，注意对超市售货员的观察，并以此为素材写一篇作文。学生实践体验后，有了了解和感受，写出的文章也更带有真情实感。教师应为写作教学提供开放的教学空间，让学生以生活中的小事和细节为源头，完成自己的真实写作，写出个性化的文章。

参考文献

[1]祝洋恒.解构性的宗教乡愁[J].宜春学院学报,2020,42(01):6-10.

[2]高西栋.近年来高考作文的模板化现象[J].学语文,2007(2):24-26.

[3]高西栋.近年来高考作文的模板化现象[J].四川教育学院学报,2007(04):32-33,35.

[4]曹阳.谈高考作文的"思想健康,感情真挚"[J].中国考试,2001(04):27-28.

[5]毛永健.嫁接链接移植与解构:基于高考作文宿构的转化策略[J].中学语文,2018(20):32-36.

[6]薛海潮.高考考场作文实用结构模板例析[J].中学语文,2009(14):31-35.

[7]张玉红.谈高考作文的模板化训练[J].课程教育研究(新教师教学),2013(34):248-248,249.

[8]张海彦.由仿而创是革新模式作文的关键[J].教学与管理,2011(25):66-67.

[9]刘国正.刘征文集:语文教育论著[M].北京:人民教育出版社,2000:352.

部编本高中语文教材婚恋题材作品篇目整理分析与教学探索

熊　旭

摘要： 婚恋是人生中不可或缺的一个重要组成部分，也是文学中的永恒话题。青春期的高中生对爱情与婚姻充满好奇与向往，很自然会对异性产生一种懵懂的情愫，致使"早恋"现象十分普遍，甚至出现"未婚先孕""殉情"等极端现象。随着信息时代的到来，社会上一些畸形的爱情观和婚姻观，借助网络疯狂地误导和荼毒着高中生的认知，严重地影响了高中生的正常学习和生活。作为高中语文教师，应为学生上好"婚恋"这一课，充分利用高中语文课本中文质兼美的婚恋题材作品对学生进行爱情教育和婚姻教育，帮助学生发展思辨能力，提升思维品质，培养高尚的审美情趣，认清爱情与婚姻的真谛，把对婚恋的理解由感性认识上升到理性思考，帮助高中生解决青春期的情感困惑，使之形成积极正确的爱情观和婚姻观，为未来幸福的婚恋生活打下坚实的基础。

关键词： 高中语文；婚恋题材作品；教学探索

《普通高中语文课程标准（2017版）》指出，高中语文课程的基本理

作者简介： 熊旭（1991—），女，重庆万州人，重庆三峡学院文学院学生，教育学硕士在读；研究方向：学科教学（语文）。

念应"坚持立德树人，充分发挥语文课程的育人功能""坚持加强语文课程内容与学生成长的联系，引导学生积极参与实践活动，学习认识自然、认识社会、认识自我、规划人生，在促进学生全面而有个性的发展方面发挥应有的功能"。爱情和婚姻是人生的重要组成部分，也是学生成长道路上不可回避的一个话题，甚至可以说，正确的爱情观和婚姻观很大程度上决定了整个人生的幸福指数。高中语文教师把握好高中语文课程性质，正确利用语文学科，采取恰当的教学策略，通过高中语文教材中的婚恋题材文学作品对学生进行爱情教育和婚姻教育，可以说是最好也是最稳妥、最有效的教育载体。

同时，《普通高中语文课程标准（2017版）》也阐明，"语文课程是一门学习祖国语言文字运用的综合性、实践性课程。工具性与人文性的统一，是语文课程的基本特点""普通高中语文课程，应使全体学生在义务教育的基础上，进一步提高语文素养，形成良好的思想道德修养和科学人文修养，为终身学习奠定基础，为培养德智体美劳全面发展的社会主义建设者和接班人发挥应有的作用"。语文课程所特有的人文性是向学生渗透爱情教育和婚姻教育的强大优势，这种优势理应也使得语文成为爱情教育和婚姻教育的绝佳阵地。作为高中语文教师，应该充分发挥语文课程的魅力，以"随风潜入夜，润物细无声"的细腻方式，通过高中语文教材中的经典婚恋题材作品对学生进行爱情教育和婚姻教育，帮助学生形成积极正确的爱情观和婚姻观，理性对待自己的情感发展，为未来人生幸福的婚恋生活打下坚实的基础。

一、部编本高中语文教材婚恋题材作品篇目总体概述

从教材看来，在部编本高中语文教材必修上册、下册中，共有六十七篇文学作品，包括上册整本书阅读单元《乡土中国》和下册整本书阅读单元《红楼梦》这两部作品，而在这两部著作中，也包含了婚恋话题。因而，部编本高中语文教材必修上册、下册中婚恋题材作品有十四篇，见表1。

而在部编本高中语文选择性必修上册、中册、下册中，共有七十三篇文学作品，其中婚恋题材作品有九篇，见表2。

表1 部编本高中语文必修教材婚恋题材作品篇目

册数	作品名称	体裁	作者或出处	创作时间
必修上册	《哦，香雪》	小说	铁凝	现代
必修上册	《声声慢》	宋词	李清照	宋
	《乡土中国》	学术著作	费孝通	现代
	《静女》	古体诗	《诗经》	先秦
	《涉江采芙蓉》	古体诗	《古诗十九首》	东汉
	《鹊桥仙（纤云弄巧）》	宋词	秦观	宋
必修下册	《窦娥冤》（节选）	元杂剧	关汉卿	元
	《雷雨（节选）》	戏剧	曹禺	现代
	《哈姆莱特（节选）》	外国戏剧	莎士比亚	十六世纪末
	《与妻书》	书信	林觉民	现代
	《祝福》	小说	鲁迅	现代
	《装在套子里的人》	外国小说	契诃夫	近代
	《红楼梦》	小说	曹雪芹	清
	《游园【皂罗袍】》	戏曲	汤显祖	明

表2 部编本高中语文选择性必修教材婚恋题材作品篇目

册数	作品名称	体裁	作者或出处	创作时间
选择性必修上册	《大卫·科波菲尔（节选）》	外国小说	狄更斯	近代
	《复活（节选）》	外国小说	列夫·托尔斯泰	近代
	《江城子·乙卯正月二十日夜记梦》	宋词	苏轼	宋

续表

册数	作品名称	体裁	作者或出处	创作时间
选择性必修中册	《小二黑结婚（节选）》	小说	赵树理	现代
	《玩偶之家（节选）》	外国戏剧	易卜生	近代
	《锦瑟》	古诗	李商隐	唐
选择性必修下册	《氓》	古诗	《诗经》	春秋
	《孔雀东南飞并序》	古体诗	《玉台新咏笺注》	汉末
	《边城（节选）》	小说	沈从文	现代

部编本高中语文教材中的婚恋题材作品又分为两类，一类作品所表达的情感和主体主要围绕着婚恋话题展开；另一类作品的婚恋内容只是该作品中的一小部分，所表达的情感和主体还具有其他丰富意义。例如必修下册里的《祝福》，它和《伤逝》《离婚》是鲁迅先生创作的三部婚恋题材小说，分别塑造了祥林嫂、子君、爱姑三个经典的女性形象。《祝福》中的祥林嫂在政权、族权、神权、夫权的多重压迫和欺凌下，饱受虐待折磨，最后惨死街头。祥林嫂是一个受尽封建礼教碾压的普通农村劳动妇女，两次经历不幸婚姻，接连遭受不幸打击，被人们诟病"二婚"有罪，死后会到地狱被劈成两半分给两任丈夫，有人提议让她捐门槛"赎罪"，可在她千辛万苦攒钱捐了门槛后，依然摆脱不了人们的鄙视和践踏。《祝福》以祥林嫂的婚姻悲剧，深刻表现了鲁迅先生对当时中国底层劳动妇女婚姻悲剧和命运悲剧的关注和审视。

综合统计，整套部编本高中语文教材中共有文学作品一百四十篇，其中婚恋题材作品共计二十三篇，大致占整套部编本高中语文教材总篇目的百分之十六。

从数量上看，整套部编本高中语文教材中的婚恋题材作品较之以往选文较多，且较为平均地覆盖在必修、选择性必修共五册教材中，有助于教学开展和教学连贯性；从体裁上看，部编本高中语文教材中的婚恋题材作品涉及诗歌、小说、戏剧、戏曲、宋词、元杂剧、学术著作等，丰富多样的体裁有助于有针对性地开展教学，更好地帮助学生学习理解爱情与婚姻；从时代地域上看，远至秦汉唐宋，近至现代，有中国的，也有外国的，涉及古今中外文学作品，体貌风格应有尽有。

二、高中语文教材婚恋题材作品教学中存在的问题

（一）高中语文教师观念有失偏颇，自身素质不高

很多高中语文教师谈"性"色变，谈"爱"语钝，他们对语文教材中出现婚恋题材作品，是回避和不赞同的，更有甚者，对爱情和婚恋题材作品持反对和打压态度。这些老师片面地认为，爱情观和婚姻观的培养和教育应当遵循人的认知规律和发展规律，而爱情和婚姻属于成人话题，高中阶段的孩子还不具备成熟的心理和生理来理性地思考这个话题，高中生还很难从婚恋作品中真正地参悟出科学正确的人生哲理。公然在课堂上"谈情说爱"，不知道该怎样把握尺度，会给高中语文的授课加大难度，如果讲授不当，很可能会适得其反，反而成为高中生"早恋"的催化剂。

因此，目前很多高中语文教师面对高中语文教材中的婚恋题材作品，都会觉得是一个巨大的挑战，这种消极应对的态度使得他们在进行教学时对婚恋题材作品避之不及。

（二）部编本高中语文教材中选入的婚恋题材作品总体"古大于今"，脱离学生生活实际

人民教育家陶行知先生曾说过"生活即教育"。高中语文教学与教材不能和当代高中生的实际生活脱节。但纵观整套部编本高中语文教材中选入的婚恋题材作品，其中非现代作品有十六部，占据整个高中语文教材中二十三篇婚恋题材作品的百分之七十。这些古代作品诚然文质兼美，但因其与当下高中生的实际生活年代相去甚远，高中生难以代入个人经历、个人体悟，更难深刻地理解古文当中婚恋的意境。例如，在选择性必修下册

中的《氓》，它是以一个女子的口吻讲述自己从恋爱、结婚到被抛弃的过程，展示了她从情意绵绵到悲伤无助，再到激愤决绝的心路历程。这一过程既反映了女子为了爱情奋不顾身的大胆，也有婚变后女子对婚姻的自省。通过对《氓》的学习，学生应认识到爱情与婚姻的责任，自觉批判喜新厌旧、始乱终弃的丑恶行为，同时对学生尤其是女学生来说，在爱情与婚姻中应时刻保持独立——"于嗟女兮，无与士耽！士之耽兮，犹可说也。女之耽兮，不可说也！"但在实际教学中，部分古代婚恋习俗和制度仍然很难让学生理解消化，比如，该女子说道"匪我愆期，子无良媒"，不是我拖延婚期，而是氓没有好的媒人。在如今这个自由恋爱的时代，可能很多人都没办法想象该女子"愆期"的原因竟然是没有好的媒婆、媒人。要知道，古代有着复杂的媒妁规则，没有中间人做媒，就算不得是"明媒正娶"，这样的婚姻也是不被看好和尊重的。又比如，该女子说"尔卜尔筮，体无咎言"，你用龟板占卜，用蓍草占卦，占卜显示的兆象没有不祥的征兆，随即便"以尔车来，以我贿迁"。古人结婚前，都会采取一些巫术、占卜之术来询神问仙，以求二人"八字相合"，以期白头偕老，文中便是用的乌龟壳占卦，卦象非常吉祥。倘若占卜出来的卦象较为凶险，则该女子无法与氓结为夫妻，《氓》可能又是另外一个版本和故事了。现在看来，这些迷信的做法显得可笑至极，但是却实实在在是古人婚恋生活中的重要组成部分。没有这些古代知识的积淀，也就很难通过文本窥见古人的婚恋生活。

（三）婚恋题材作品选文零散，教学重点不突出，教学难点难把控

现有部编本高中语文教材中的婚恋题材作品较为平均地覆盖在必修、选择性必修共五册教材中，此举虽然有助于教学的连贯性，但是相比设置单元婚恋专题形式，显得过于零散，不成体系，教学目标不够明确，教学重点也不够突出。

另一方面，面对婚恋题材的作品，很多高中语文教师不知道应该怎样把握该类作品教学的"度"。如果挖掘得过深，则有可能使高中语文教学偏离正确的航线，甚至发展到不可控的局面；如果浅尝辄止，浮于表面，学生则不易理解文本内容，更难领会婚恋题材的价值。

三、部编本高中语文教学中婚恋题材作品的教学建议

（一）转变高中语文教师认知，全面提高高中语文教师素质

高中语文教师是高中语文课堂的主导者和组织者，教师对婚恋题材作品的态度和处理，很大程度上影响着学生对该题材作品的解读，更影响着学生的爱情观和婚姻观。

教育者要明白，对爱情和婚姻题材的刻意回避和弱化，并不是教育的题中应有之义。作为高中语文教师，越是害怕学生了解爱情、关注婚姻，对高中语文教学中的婚恋题材作品越是讳莫如深，错误扭曲的爱情观就越是会如附骨之疽，影响学生的思想。教师遮遮掩掩，反而会增加"爱情与婚姻"的神秘感，增强学生的猎奇心，学生转而"明修栈道，暗度陈仓"也就不足为奇。

我们要知道，爱情与婚姻是学生人生的一部分，高中语文教师不应视之为洪水猛兽，而是应该大大方方地为学生揭开爱情与婚姻的神秘面纱，大胆地在语文课堂上跟学生"谈情说爱"，结合科学正确的教学策略，使学生接受正确的婚恋教育。

（二）联系实际生活，培养学生正确婚恋观

高中生正处在青春期后期，是性意识觉醒的人生关键期，生理与心理日趋成熟。同时，高中生也是一个个鲜活独立的生命个体，在他们的认知结构中，多多少少已经有了一些自我对爱情和婚姻的看法和态度，这些认知或来自学生的父辈、祖辈的熏陶，或来自同辈的影响，或来自网络信息的冲击，或来自自我懵懂的探索。高中语文教师在课堂教学中，要将心比心，以情会情，尊重学生在语文学习过程中独特的个体情感体验，避免空

洞地说教，才能有的放矢地进行爱情观和婚姻观的塑造。

高中婚恋题材作品的教学，应强调学生独立思考能力，鼓励学生直抒胸臆、表露情感，个性化解读文本，树立正确健康的婚恋观。汉末的汉乐府《孔雀东南飞并序》，是中国文学史上第一部长篇叙事诗，被称为"乐府双璧"之一，主要讲述了男主人公焦仲卿和女主人公刘兰芝夫妇，迫于凶悍焦母的顽固和势利刘兄的蛮横，被迫分离最终双双自杀的故事，控诉了封建礼教对焦仲卿刘兰芝夫妇的残酷迫害，歌颂了焦刘夫妇的反抗精神和真挚情感。在实际教学中，有些学生往往理解不了刘兰芝为何一定要"举身赴清池"，焦仲卿为何一定要"自挂东南枝"，无法接受夫妇二人最终一定走向死亡的情节。这种情况下，教师可以在学生理解文本内容、深度挖掘作品内涵的前提下，鼓励学生大胆阐述对焦仲卿、刘兰芝夫妇为爱献身行为的不同看法，分析其悲剧产生的深层原因。男主人公焦仲卿出生官宦世家，从小生活在强势母亲的翅羽之下，养成了懦弱的性格。另外，在当时那个时代，儒家经义中的"孝"充当着捍卫封建礼教的卫道士，是维护封建家长权威的刽子手。所以，当焦刘二人面对封建家长制和封建礼教对他们的迫害时，社会历史环境注定他们的婚姻将会以悲剧收场，二人也注定走向死亡。

学生对文本的深度剖析，往往使得悲剧类的婚恋题材作品起到空前的警示作用，使得学生不把爱情等价于生命，不把爱情当作生命的全部，这也是爱情与婚姻教育的一项重要内容。爱的本意，并不是让生命消亡而是让生命更加坚强，与其简单自私地结束自我的痛苦，不如用鲜活的生命来证明自己的爱情和坚强。社会环境恶劣、爱情的变故、周遭的阻挠，这些都不能成为放弃生命的理由。

（三）编制一个或多个婚恋题材主题单元

2004年，上海教育出版社出版的上海市九年义务教育语文课本领先一步，在初三语文上册教材中设置了"爱情主题单元"。在名为"爱情如歌"的单元中，共收录了七篇著名婚恋题材文学作品，其中包括苏霍姆林斯基的《给女儿的信》、普希金的《致凯恩》、舒婷的《致橡树》、苏童的《老爱情》、节选自《简·爱》的《因为我们是平等的》、公刘的《只有一个人能唤醒它》以及秦观的《鹊桥仙》，这些选文无不热情讴歌爱情的美好。"爱情单元"的出台在当时引起了不小的轰动，"爱情教育"经由此也开始逐渐被家庭、学校、社会重视，教师大大方方地和学生集中谈谈爱情、婚姻，也省了分散重复的说教，对学生形成正确的爱情观与婚姻观有着积极的影响。

爱情与婚姻，是人类生活中永恒的话题，是人类文明发展的必然结果，也是文学作品中永不褪色的经典主题，部编本高中语文教材收入经典婚恋题材文学作品，这是当下高中语文教材改革的一个亮点，在高中生人文教育中具有举足轻重的影响。

爱情与婚姻教育在当前高中教育中存在着很大的空白，整个社会中，高中生的各种情感问题都表现突出。作为高中语文教师，必然要承担起对学生进行爱情、婚姻教育的重担，挖掘高中语文课程资源，充分利用高中语文课本中文质兼美的婚恋题材作品对学生进行爱情和婚姻教育，引导学生品味爱情"上穷碧落下黄泉"的忠贞，鉴赏爱人离别后的坚守与等待，感悟爱情与婚姻的道德和责任，批判封建时代"父母之命、媒妁之言"不合理婚姻制度对人性的束缚，充分挖掘爱情美育的可能，是当代高中语文教师义不容辞的职责和义务。"得法于课内，得益于课外"，高中语文教师正确把握高中语文教材中的婚恋题材作品教学，让婚恋教育不再空白，引导学生提高语文素养，提升审美情趣，形成健全人格，树立正确的爱情观与婚姻观，才能充分体现当下高中语文教学中婚恋教育的价值和现实意义。

参考文献

[1]中华人民共和国教育部.普通高中语文课程标准（2020年版）[S].北京：人民教育出版社，2020.

[2]中华人民共和国教育部.义务教育语文课程标准（2011年版）[S].

北京：北京师范大学出版社，2012.

[3]温儒敏.语文（普通高中教科书必修上册）[M].北京：人民教育出版社，2019.

[4]温儒敏.语文（普通高中教科书必修下册）[M].北京：人民教育出版社，2020.

[5]温儒敏.语文（普通高中教科书选择性必修上册）[M].北京：人民教育出版社，2020.

[6]温儒敏.语文（普通高中教科书选择性必修中册）[M].北京：人民教育出版社，2020.

[7]温儒敏.语文（普通高中教科书选择性必修下册）[M].北京：人民教育出版社，2020.

[8][苏]苏霍姆林斯基.爱情的教育[M].北京：教育科学出版社，2006.

[9]郑新蓉. 性别与教育[M]. 北京：教育科学出版社，2005.

[10]唐冬娥.透视高中语文教材中的爱情题材[J].试题与研究（新课程论坛），2010，(2)：65.

[11]冯建军. 生命与教育[M]. 北京：教育科学出版社，2004.

[12]韦正明.掀起爱神的盖头来：寓爱情教育于高中语文教学之探索与实践[J]. 知识经济，2010（04）：179-180.

[13]郭鸿燕.高中语文教材中的女性爱情婚姻观探析[J].语文建设（文学版），2018（11）：47-49.

[14]章培恒.关于《古诗为焦仲卿作》的成诗年代与写作过程[J].复旦大学学报（社会科学版），2005（1）：2-9.

基于交际语境的真实写作教学实践研究

龚珊珊

摘要：中学生写作往往是高谈阔论、无思、无情。作文看似旁征博引、文采飞扬，实则是胡编滥造、套话泛滥，说着永远正确而背离内心的话。这种情形在中学写作中愈演愈烈，逐渐形成考场中出现的"模式化作文""套路式作文""宿构作文"，也就是李海林教授提出的"虚假的作文"。本文将从交际语境角度出发，明确交际语境要素，提供真实写作教学的基本路径，促进中学生"真实写作"。

关键词：交际语境；虚假写作；真实写作

在我国，中学写作教学一直存在偏离写作本质、与学生实际生活相脱离等问题。学生在写作中不能表达自己的"真情实感"，因而学生在写作中出现"虚情假感""伪圣化"泛滥的现象，也就是王荣生教授在《写作教学教什么》中提到的"生动的"记叙文，"闪光点"的说明文，"格式化"的议论文等虚假写作现象。

"虚假写作"是指在写作训练中反复练习那种纯粹为了在应试教育中获取高分而没有实际用处的写作。这种写作是长期应试教育背景下形成的一种产物，它从根本上偏离了写作本质，即"写作即交流"的写作本质。中学生写作的本质应该是作者与读者之间的对话交流，而不是为了应付考试而失去基本交际功能的"小文人语篇"写作。

写作不应该成为中学生的学习负担，应该是针对某一具体的语用情境进行表达和交流，是作者和读者近距离心灵上的对话与交流，应该是作者表露真情实感的方式或者是生活、学习、工作中与他人交流和沟通的方式。为了促进学生真实写作，写作教学应该还原或模拟真实生活，甚至营造真实的生活场景，让学生在一场特定的语境中对话交流。比如特级教师张化万在写作课堂上带着学生"吃西瓜"，做完活动后要求学生将这件事情写下来；特级教师王崧舟在课堂上进行"亲情测试"，创设拟真实情境，让学生将自己的情感表露在写作中。这些教师都是在写作教学中制造生活场景或者模拟生活场景，让学生在生活中表达自己的真情实感。但是现在中学生写作是与真实生活脱离的，他们的写作失去了应用的用途，这就需要教师在写作教学中为学生创设或模拟真实的语用情境，这里的语境包括了话题、读者、目的、作者、文体、语言等交际语境要素，因而需要在写作中明确交际语境要素，激发学生内在写作动机，帮助中学生"在真实的语言运用情境中"表达"真情实感"。在设计写作任务时，加入具体的交际语境要素，在一定程度上能够克服"宿构作文""假话作文""文艺腔作文""小文人语篇"等虚假写作问题。

一、明确交际语境要素，激发内在言语动机

荣维东教授说："交际语境写作通俗地讲可以叫作真实写作。"这里的"真实"不是简单的指向真人、真实的事件、真实的内容、真实的情感，而是一种拟真的情境，即特定语境的真实或者具体的交际语境要素。语境要素中的话题、读者、目的的交互作用是激发学生内在言语动机的源泉。因此，明确交际语境要素，对促进学生真实写作是至关重要的。将写作置于真实或者拟真实的写作任务情境，能够实现学生自由地表达和交流，这也是写作教学的核心目标。

（一）明确话题

明确交际语境要素中的"话题"，可以解决学生"写什么"的问题。

话题即是写作的想法或内容，比如人物、事件、景物、事物、情感、哲理等诸多方面。话题可以分为自发生成和外在任务两种。自发生成，即作者基于自身的生活经验而选择的写作题材和内容；外在任务，即作者根据写作的特定要求，完成指定的写作任务。中学生在写作时往往根据自身现有的"语文经验"选择一个方向进行写作，但是在这个过程中学生可能存在"最近发展区"的问题，即"这次写作任务所需要经验"，这就需要教师帮助学生去填补缺失的写作经验。

写作往往从确定一个恰当的话题开始，一个恰当的话题决定着写作的内容。这个话题就是我们写作时常常提到的主题，比如励志、亲情、青春、奋斗、教育、环境等都是一个个的话题。一个好的话题是写作成功的开始，也是写作最重要的一个环节。写作的本质是作者与读者之间的对话与交流，那么这个话题就必须是读者与作者所知或者是双方都感兴趣的话题。如果作者所选择的这个话题超出了读者的认知范围，那么它就是一个无效话题，也就是我们平时所说的"偏题"。读者一旦产生认知障碍，就会终止阅读，从而使写作失去了交际的功能。所以，学生在进行写作时尽量要选择恰当的话题展开，然后循序渐进地引导读者进入自己的话题场域中进行心灵上的对话，这也就实现了交际的目的。

真实写作不是我们主动去"寻找"话题，而是让话题"找到"我们。这个话题可以是事件、人物、景物等，能够最终让人产生共情，这种"情"不是"虚情假感"，而是通过"融入情境—达到情感共鸣—最终实现意义建构"的路径来实现真实写作。

目前，中学生的写作训练经常以话题作文的形式出现。如2021年重庆中考语文试卷（B卷）的作文试题：

题目：礼

《现代汉语词典》中对"礼"的解释有：①[名]表示尊敬的言语或动作：~节｜敬个~。②[名]礼物：送~｜献~｜千里送鹅毛，~轻情意重。③＜书＞以礼相待：~贤下士。

请选择其中一个含义，结合你的生活经验，写一篇文章。除诗歌外，文体不限。

要求：①不少于500字；

②凡涉及真实的人名、校名、地名，一律用A、B、C等英文字母代替；

③不得抄袭。

上面的作文"礼"是题目，也是写作的话题。围绕"礼"这个话题，《现代汉语词典》给出了关于"礼"的几种解释，这便是向学生提供的几种主题，最终让学生根据自身的生活经验选择合适的主题进行写作任务设计，这种结合学生生活经验的话题才能让学生进入"礼"的情境之中，从而达到情感的共鸣，并将自身的经验转化成写作内容，最终实现意义建构。

（二）明确读者

在我国传统写作教学中，一直存在忽视"读者在写作中的作用"的现象。托尔斯泰曾经谈到一个关于写作心理的事实：离开了读者，作者就无法写作，也无心写作。许多国外专家对优秀作者的特征进行了研究，结果发现优秀的作家常以"读者为中心"，而新手作家常以"自我为中心"。由此可见，读者意识在作家写作中有着不可忽视的作用。这样看来学生在进行写作时，心中必须要有明确的或潜在的读者才能实现真实写作。读者在我国传统的写作学理论中被称为"写作受体"，换句话说，读者就是作者真实言语成果的信息接受者。对于不同风格的作品，读者有着自己的阅读习惯，这种习惯也就是心理学上所说的"认知图式"。写作的本质是"写作即交流"，也就是作者与读者之间的对话交流，因此读者的"认知图式"会影响着文章图式结构，制约着作家的写作行为。从某种意义上来说，读者就是作者写作的共同建构者。因此，我们可以把读者当成作者真实言语成果的接受者或者有意义建构真实写作的共同建构者。

交际语境写作从本质上讲,是一种以"读者为中心"的写作教学。在现代,我国许多专家学者都曾强调过写作中的"读者意识",如夏丏尊、梁启超、朱自清、朱光潜等人都曾强调过写作中读者的作用。任何作品如果没有明确的或潜在的读者,就只是一堆普通语言符号的堆砌,没有任何的实际意义。读者在写作过程中一直都是以明确的或潜在的身份存在着,影响着作者的写作。作者在写作时不仅要受制于自己的主观意志,还受制于作品背后的读者,需要将主观意志和读者意识结合。建构主义学者斯皮尔是主观意志和客观效果的统一论者,她谈到真正学会写作就要懂得为读者而写,要考虑到读者的心理需要、认知图式,从而真正地实现作者与读者间的对话交流。

朱自清先生曾强调"写作是为了应用,其实就是为了应用于这种假想的读者"。也就是说,真实的写作是指在营造真实或拟真实的生活场域中作者与读者面对面的对话交流。真实或拟真实的生活场景能够为作者的写作内容提供材料,并制约着写作方式。从一定程度来看,不同的"读者"决定了不同的写作内容。以介绍一所学校为例,如果作者面临的写作对象是新生,那么写作内容就可以详细介绍学校的布局结构、学校历史;如果写作对象是学生家长,那么写作内容就可以多涉及学校的师资力量、学校环境、学校发展等。

(三)明确目的

写作目的是指生成的语篇所指向的交际目的和意图。在今天的应试教育背景下,写作的目的就是获得更高的分数,这是一种功利性的写作目的。这种错误的写作目的会逐渐消耗学生对于写作的热情或兴趣,最终使学生丧失写作的兴趣。交际语境要素中提到的"目的"是契合写作本质的,是为了交际而写作的目的。

不同的写作目的决定了写作内容的不同,这个"目的"可能是传播经验、信息,或者是劝说建议,抑或审美娱乐等。在明确写作目的后,围绕具体的写作目的展开。比如,以传授经验为目的写作,就要有读者意识,比如考研经验分享帖；以劝说建议为目的的写作，要让读者心服口服，切忌语势咄咄逼人，要基于读者的需要来劝说；以审美娱乐为目的的写作，要注意语言的优美性，并适时运用幽默风趣的语言。

这里用荣维东教授上过的一堂作文实验课——"圣女果"写作为例，具体阐释一下写作目的对于写作内容、阅读对象的影响。在课例一里面荣维东教授设置了三个学习活动，活动一是写便条，内容如下：

你回家后，发现桌子上有一盘红艳艳的"圣女果"，于是你就吃掉了，可是父母不在家，你马上又要出去了，于是你需要写一个短信（或便条）告诉你妈妈这件事，现在请你拿起笔写一个便条。开始！

一分钟之后，同学们写完了。生1写道："妈，我把圣女果吃掉了。"在这句话里面学生并没有署名，而是直接用"我"。从学生处得知是因为他妈妈知道家里买的零食基本上都是他吃的，所以没有署名，可见交流对象和交流的内容是依赖于交际的目的而确定的。还有一位学生写道"妈妈，桌上的圣女果我吃掉了。味道太美了！"这位学生最后加上了一句"味道太美了"，是因为他想鼓励妈妈继续给他买。这位学生有自己交流"目的"——鼓励妈妈继续买，这个目的就决定了他的写作内容。通过荣维东教授设计的这一写作活动，我们可以了解学生在进行写作时，基于不同的交际目的，学生写作的内容就会有所不同。

李海林教授也曾经分析过一个案例：班上一位写作能力极差的男同学为了追求一位女同学写出了一封"绝佳情书"，这封情书全文两千字，文从字顺，情真意切，十分感人，结构上层次清晰，表达手法用得恰到好处，表现出极强的语言表达能力。最开始老师以为是这位同学抄袭的，结果让人大吃一惊，确为这位男同学所写。一位平时写作水平极差的同学为什么能够表现出如此高超的语言表达能力？如果用交际语境写作的要素来阐释，我们就很容易理解。基于具体的交际目的，明确的读者，在这种特定的场域下，男同学有了真实的言语任务和言语环境，最后创作出了真实的言语成果。这就是李海林教授所倡导的"真实的作文"。

明确交际语境要素，能够有效解决学生缺乏内在写作动机的问题，从而解决学生"不愿写"的老大难问题。交际语境要素的明确能够为学生提供相对真实的言语任务、言语环境，从而促进学生表达自己的真实感受，形成真实的言语成果。从动机理论的角度来看，驱动人内在写作动机的影响因素还有很多。基于此，笔者依托交际语境，探寻了促进中学生真实写作的基本途径。

二、真实写作的基本路径

（一）从交际语境出发，分析写作任务设计

"交际语境"能够激发学生写作活动真实的言语动机，有效解决学生"不愿写"的问题。明确交际语境要素就要知道话题、读者、目的之间是如何相互影响、互相作用的，从而解决学生写作动机缺乏的问题。如果用动机原理来解释，学生写作动机的影响因素有很多，交际语境要素就是影响人写作的重要因素。因此，专家在进行写作命题时，一定要将交际语境要素融入学生的作文材料中。学生只有在明确交际语境要素的前提下，才能进行真实的创作。

写作命题也就是写作任务设计。命题人通常是以一种独断的、命令式的方式设置学生写作的题目，命题的内容通常是一般的、笼统的材料，没有明确的交际语境要素。学生在写作时没有明确的目的、对象，在写作时就容易走向虚假的"文章写作"，因此明确写作目的、写作对象、写作文体等至关重要的。交际语境写作就是一种基于读者、作者、目的、话题、文体等要素的真实写作，要引导学生进行真实写作就需要命题人考量交际语境要素，设置具有真实语境要素的写作命题，为学生写作提供切实具体的指导和帮助。学生的写作与写作任务设计具有很大的相关性，写作任务设计得越好，学生的写作质量就会越好，反之亦然。

例如，我们会经常看到这样的作文命题——《写给××的一封信》。这个作文题目里面，没有明确的阅读对象以及写作目的，那么学生很难产生情感共鸣，无法针对性地进行写作，非要硬写的话也只会出现"胡编乱造"、虚假的"文章写作"，并且学生所表达的情感可能也是"虚情假意"的。当然，写作任务中有明确的交际语境要素，就能够为学生提供切实的帮助和指导，那么学生的写作质量就会有所提升，如下面这项写作任务。

2021年重庆中考语文试卷（A卷）的作文命题之一：学校发现，学生进入青春期后，和父母之间存在沟通障碍，亲子关系紧张。为了架起父母和孩子之间沟通的桥梁，学校设立了"心之桥"信箱。小渝和他妈妈分别来信，诉说各自的苦恼。后面给出了两则材料，分别是小渝和小渝妈妈的烦恼。最后请同学们根据来信的内容，结合自己的生活经验，写一份回信，帮助彼此增进了解。学生可以根据自己的经验，选择给小渝回信或者给小渝妈妈回信。在这个作文题中：写作对象（读者）是小渝或者小渝妈妈；写信目的是劝说彼此；话题是增进彼此的了解，解决母女之间存在的沟通障碍，缓解紧张的关系；文体是写信。写作任务中对交际语境要素交代得非常具体，学生在进行写作时能够非常清楚要"写什么""为谁写""为什么写"。这样的写作才是真实而具体的、比较有意义的对话与交流。正是因为作文命题中设置了真实而具体的交际语境，贴近了中学生的生活，才能真正地激发学生内在的写作动力，让学生在写作中流露出真情实感。

（二）搭建写作支架，填补写作任务所需经验

王荣生教授认为："学生写作的主要矛盾是'学生现有的写作经验'与'这一次写作任务'之间的落差造成的。"这种落差也就是维果茨基提出的"最近发展区"，"学生现有的写作经验"是学生通过自己独立活动能够积累起来的写作经验，而"这一次写作任务所需要经验"则需要通过外在的教学才能够获得潜力。通常情况下，写作话题可分为自发生成和外在任务，而学生平时的写作训练一般都是属于"外在任务"，有特定的要求。因此，如果学生需要完成写作任务，那么老师就需要帮助学生搭建支架，填补学生写作任务所缺乏的经验。

（1）填补学生写作经验

学生写作时经常遇到的问题之一就是"没的写"，也就是没有什么内容可以写，不知道写什么。其实，学生"没有内容可写"有一个典型的说法就是学生缺乏生活体验。的确如此，现在的中学生缺乏相应的生活经验、百科知识，比如植物生长时节、动物生活习性、生活常识等等。"巧妇难为无米之炊"，更何况还需要学生针对性地写作。对于这类型的命题，学生在写作时往往可能出现偏题、没有内容可写的现象。为了能够完成写作，学生会逐渐养成一种说假话、忽视交际作用的不良写作习惯。

基于此，教师进行写作教学时，往往采用"搞活动"或者模拟"生活场景"等方式来帮助学生获得写作任务所需要的直接经验或者间接经验。比如，通过现场播放音乐及视频、讲故事、做实验、公开演讲、举办读书会、组织野外活动等，尽量模拟或再现一段与写作经验相适应的生活场景。在课堂上模拟如此的场景，学生的确有内容可写，一定程度上解决了学生"没有内容可写"的问题。其实现在很多家长都关注到学生写作方面的问题，他们一般会认为自己的孩子阅读量太少了，才会无内容可写，因此会给孩子准备许多课外阅读书籍，增长学生阅读量，拓宽见识，但是很多学生仍然无法将自己积累的经验转化为写作所需要的经验。学校也会经常组织活动让学生参与其中，比如春游、晚会表演等，但是学生经历之后仍旧写不出来。其实，我们忽略了一个问题：学生真的缺乏真实的生活吗？他们都在"生活"中，学校生活、家庭生活、读书时获得的"别人的生活"，这些都可以成为他们写作的素材。现在网络如此发达，学生不仅能够通过读书感受别人的生活，而且可以通过网络看见世界，所以怎么可能缺乏生活经验呢？其实，关键在于没有对学生进行"注意、激发和转发"的思维训练。只有将学生经历了的生活进行激发、转化、加工，才能形成学生写作所需要的内容或素材。

信息加工写作心理学家认为，写作就是将搜集的信息进行加工、处理的过程。平时的写作就是将储存在大脑的内容，比如生活经验、百科知识等进行激发、转化成写作所需要的经验，加工成写作内容，也就是将学生"经验了的生活"进行有意义的内容建构。

（2）转化学生生活经验

写作教学的关键在于将学生"外在的生活经验"转化成"内在的生活经验"，即将学生的生活经验变成"经验了的生活"，让学生通过写作去重新构建有意义的事情。任何一位学生现有的生活经验、情感经历、思维活动等都足够让他去创作许多的作文。然而学生还是没有内容可写，是因为他们无法将自己所储存的信息资源加工转化为写作材料。王崧舟老师上过一节作文课《亲情测试》，这节作文课就是将学生生活经验转化为"经验了的生活"的典型案例。

整节课创设了拟真实情境、激发学生想象、分享交流等方式帮助学生注意、激活、转化亲情这个话题，整堂课试着将亲情这个话题由抽象转化为具象，转化成学生平时生活中接触的关于亲情的事件。这节写作课将学生平时总忽略的生活转化成生动而感人的亲情体验，进而变成了学生写作的内容。这实际上就是带领学生重新体验平时的生活，并将这样的生活变得具体化、细节化，然后通过相互交流的方式转化成写作内容，让学生进入一种"准写作"状态。

教师在写作教学时可以引导学生合理想象，这能有效帮助学生生成写作内容。在设置写作命题时，如果是学生"经验了的生活"，那么学生就更容易发挥出应有的水平，创作出高水平的作文。因此命题人在设置命题时，尽量设置贴近学生生活实际的题目，并且教师在进行写作教学时，要引导学生注意、激活、转化学生经验了的生活。

（三）注重程序性知识传授，训练语言表达技能

传统写作教学注重陈述性知识的传授，也就是"文章写作"，而交际语境写作更加注重程序性知识传授，通过教会学生"怎么办"达到提升学生运用祖国语言文字进行表达和交流的能力。前面所谈到的"语文经验"

是指学生在平时的语文学习活动中积累的语言表达经验。学生"语文经验"缺乏，主要是指学生不能自如地进行"言"与"意"之间的转化。因此解决学生表达问题的路径有以下几点：

（1）语言表达能力

大量实践证明，学生语言表达能力与写作水平成正相关。特别是词汇量的多少会影响学生写作内容质量的高低。不仅如此，语法知识的掌握在一定程度上也会影响学生写作内容质量。因此，在语言表达技能训练中，学生词汇量的积累以及语法知识的教学是至关重要的，这是构成学生写作质量的基础。教师可以在阅读教学中帮助学生积累词汇，可以分门别类地将词汇进行归类，然后打印出来，以供学生在平时的自习课上进行积累。然而，学生词汇量的增加，其写作技能并不一定随之得到提升，语法知识也会影响学生写作水平，所以，在教师在写作训练时，要加强学生词汇量的积累以及语法知识的教授。

（2）文体认知能力

写作是有一定样式的。大部分的作文命题对写作样式会有特定要求，也就是说对写作文体有要求。王荣生说："文体其实就是人们解读和创作文章的信息模式和认知图式。"每一种文体的形成，都是这一类文章的认知模式被大家认可和接受，最终固定下来形成一种言语表达的方式，也就是文体。因此需要有针对性地训练学生文体认知能力，如何训练学生的认知能力呢？教师可以针对性地布置阅读任务，引导学生广泛阅读某一类文章，熟悉这类文章的语言形式，形成对这一类文章的认知图式。

为了方便学生熟悉中学常见的四种文体，从而形成对四类文体的认知图式，笔者将初中常见的记叙文、说明文、议论文、应用文中的写作目的、语言风格进行分析。如表1所示。

表1 四种常见文体写作特点要求

语境要素 \ 题目内容	文体特点			
写作文体	记叙文	说明文	议论文	应用文
写作目的	以情感人，以记人、叙事、写景、状物为主传递情感	以知授人，通过说明的表达方式介绍事物或事理	以理服人，通过议论的表达方式阐释论点	在日常生活、工作处理各种事物时用于明道、交际的
语言风格	生动形象、简明朴实	准确、科学、严谨	严密、逻辑性强	平实、庄重、准确、多元

（3）语篇生成能力

语篇是语境的产物。语篇的构造依赖于"具体的语言运用情境"，而写作就是通过语境的分析来完成的。了解写作任务的"语境"，学生才能通过自己的语言表达技能将写作内容构建出有意义的"语篇"。在构造语篇的过程中，学生可以利用思维框架帮助自己进行写作，比如利用"树状图""鱼骨图""对比图"等。这些思维框架，可以帮助学生进入深度学习，提升学生语篇构造的能力。

三、结语

交际语境写作是一种倡导在"真实世界中的写作"，能够有效提升中学生在特定场域中语言表达与交流的能力。这种写作教学能够尽可能地模拟或营造真实而具体的语境，让学生在"真实世界"中进行写作，能够有效避免应试教育所导致的"虚假写作""文艺腔写作""小文人语篇写作"问题。依托交际语境要素设置的写作任务能够激发学生真实的言语动机，并在拟真实的情境中促进学生进行真实写作，表达真情实感。

参考文献

[1]李海林.论真实的作文[J].中学语文教学参考,2005(05):2.

[2]王荣生.写作教学教什么[M].上海:华东师范大学出版社,2014.

[3]荣维东.交际语境写作[M].北京:语文出版社,2016.

[4]郑可莱.思辨写作策略与教学支架创设[J].语文建设,2020(06):19.

三峡库区可持续发展
年度研究专题报告
〉〉〉（2022）

附录2：课程思政

三峡库区可持续发展年度研究专题报告（2022）

中国现当代文学课程思政改革研究

——以重庆三峡学院为例

张 露

摘要：目前，中国现当代文学教学以传统"讲－听"模式为主，教学方式单一，且呈现出"非历史化""非语境化"倾向，而中国现当代文学的历史性、延续性特征，赋予了现当代文学教学丰富的课程思政资源。以课程思政作为对中国现当代文学进行教学改革的切入点，将作品分析与"还原历史语境"相结合，深入挖掘该时期文学所蕴含的时代精神、家国情怀、奉献意识和"牺牲精神"，实现"启发教学"与人文精神培养、文学审美与思政教育的完美融合。

关键词：课程思政；中国现当代文学；"语境化"；"代入感"

2016年12月，习近平总书记在全国高校思想政治工作会议上强调："高校思想政治工作关系高校培养什么样的人、如何培养人以及为谁培养人这个根本问题。要坚持把立德树人作为中心环节，把思想政治工作贯穿教育教学全过程，实现全程育人、全方位育人，努力开创我国高等教育事业发展新局面。"[1]中国现当代文学作为汉语言文学专业的主干课程之一，

作者简介：张露，男，文学博士，讲师，硕士研究生导师；研究方向：中国现当代文学。
基金项目：2021年度重庆三峡学院高等教育教学改革研究项目"课程思政背景下中国现当代文学课程改革研究"（JGZC2106）的阶段性成果。

本身就蕴含着深厚的"课程思政资源",而中国现当代文学教师除了讲授近代以来或者1919年之后中国文学发展概况和具体作家作品等相关知识外,还应将历史、时代、社会与文学结合起来,将时代语境、社会形势、作家思想与文学审美相结合,将作品分析能力、阅读审美能力与思考能力培养结合起来。随着课程思政教学的日益提倡,中国现当代文学也面临着必须改革的趋势,而课程思政与中国现当代文学教学的结合,并不意味着中国现当代文学课程为了顺应趋势而有意为之,相反,正是因为以往教学中"就作品论作品",而忽视了中国现当代文学,特别是中国现代文学产生的特殊环境,以及彼时文学产生的机制和政治、时代、社会与作家思想之间的关系,所以,在课程思政背景下,对中国现当代文学课程进行教学改革也迫在眉睫。

一、中国现当代文学教学存在的不足

中国现当代文学作为汉语言文学专业的主干课程,蕴含着深厚的历史内涵,在教育改革趋势推动下,将课程思政与中国现当代文学教学相结合,并对其进行改革十分必要。

(一)侧重知识传授,忽略启发性教学

高校中国现当代文学课程教学模式贯彻了传统文科教学的特点,在教学过程中,注重文学常识传授与文学作品讲解,本无可厚非,但从文学角度来看,这种教学模式,忽略了中国现当代文学的历史性、时代性与特殊性。从目前公认的文学分期来看,中国现当代文学可分为中国现代文学(1919—1949)与中国当代文学(1949—现在),这也反映了中国现当代文学与其他文学形态的不同之处,即固定性和开放性特征。中国现代文学已经定型,但中国当代文学却还在继续发展,这就要求课程教学中,教师在传授文学知识与讲解具体作品或文学现象的同时,让学生去思考特定历史时期作品、人物与作者所蕴含的时代精神,以及透过主人公和作品去

发掘一系列"典型"身上所隐藏的个人意识和家国情怀。

同时，传统授课模式也造成学生思维日渐僵化，在主动接受教师传达信息的同时，将传统定论奉为圭臬。笔者在《鲁迅专题》教学过程中发现，因为"阿Q"成了"国民性"的典型代表，所以，只要讲到《阿Q正传》，学生们自然就会想到国民性批判，并会认为这是鲁迅创作此文的唯一目的，因此忽视了文学作品以及作者思想的多维性与丰富性。所以说，这种传统讲授方式与方法也容易导致学生养成"思维唯一性"的习惯，容易误导学生，让学生认为"国民性批判"就是这篇文章的唯一主旨。其实，这也是对鲁迅思想丰富性和视角多样性的一种忽视，我们为什么不能从"人"的角度去审视当时社会底层人的真实生活状态呢？把"阿Q"当成一个"人"来分析的同时，也会在去符号化的过程中培养学生的主动思维能力。所以，改变传统授课模式，在传授传统定论的同时，教师也要改变授课思维，不断启发学生从全新角度去思考问题，这将为教学多样性模式的探讨作出贡献。

（二）教学模式单一，"代入感"不强

在中国现当代文学教学中，"讲"与"听"成为课堂教学的常态，而忽视了中国现当代文学教学的多样性特征。传统讲课模式的弊端则在于，只重视文本的讲授，却忽视了在历史语境还原过程中，引导学生感受前人的思想和精神。中国现当代文学教学还存在"非历史化"趋势，也不利于学生"穿越"到100年之前在故事发生的背景中去理解作品与人物，"不少教师讲述时脱离作品产生的历史背景，特别对于那些表现民族劣根性、封建家族结构、旧式社会关系运作的文学作品"[2]，所以这种教学模式，容易会出现学生以今人之思想去思考前人的问题。如果不了解1925年中国社会历史与现状的话，很多学生就会说，《伤逝》中子君既然说"我是我自己的"，那为何在与涓生同居后，或者家庭遇到经济问题时，不去外面找个工作，不实现经济独立呢？1925年中国处于新旧交替时期，虽然清王朝已经退出历史舞台，但传统思想以及社会体制和架构还不能为妇女工作提供更多的机会。由于传统授课模式已不能适应新学科和专业发展的要求,为此要改变单一讲课方式,还原真实环境,在"代入感"中,让学生身临其境般体悟作品所传达的时代精神和人文情怀。

二、课程思政与中国现当代文学结合之可能

很多人容易存在一个误区,认为课程思政就是将该课程与其教育功能"生拉硬拽",实则不然,课程思政不是为"教育"而教育,而是结合不同学科专业的特点,将其自身育人特性与时代需求相结合,在教学过程中自然而然地传达出"教书育人"的功能。由于中国现当代文学与特定历史和时代关系紧密,所以在教学过程中,自然也存在与课程思政无缝衔接的可能性与必然性。

(一)中国现当代文学蕴含丰富的课程思政资源

从文学史分期来看,目前学界一致认可中国现代文学肇始于1919年,但结合中国近代以来的历史与文化进行考量可发现,1840年之后中国文化就开始酝酿现代文学的因素。由此可知,从历史角度看,中国现当代文学与中国近代以来的历史与文化密切相关,因而,这段时期的文学也烙上了历史与时代的印记。众所周知,中国近代以来饱受战乱之苦,国家动荡,民不聊生,而中国现代文学自产生伊始,就与国家民族以及骨肉同胞的命运密切联系在一起,特别是在现实主义文学的号召下,中国现代文学更加注重关注现实,关注人生,随着无产阶级文学的兴起,中国现代文学与社会、人生的关系更加密切。所以,从文学内涵来看,中国现当代文学本身就蕴含着丰富的课程思政资源,无论是人文精神、家国情怀,还是个人奋斗以及牺牲精神等,都构成了该课程进行思政教育的可能性和必然性。

同时,我们也不能忽视中国现当代文学本身的教育功能,中国现当代文学正式登上历史舞台时,也一再提倡思想启蒙与文学启蒙的重要性,彼

时"自由、民主与科学"成了中国现当代文学的重要精神资源，无论是反封建、个性独立还是对家国命运的关注，文学的启蒙性都发挥了重要作用。抗战期间，中国现当代文学发挥了其"启救亡之蒙"的功用，大批作家充分发挥通俗文学的作用，将抗战与文学、启蒙相结合。而涉及具体作家作品时，其思政与教育功能则更加多样，如鲁迅"反抗绝望"和"俯首甘为孺子牛"的精神、巴金对于青年的思考、抗战时期的抗日爱国精神、"三红一创"中的"红色文化"、新时期文学和新世纪文学对于时代精神和开拓精神的弘扬……所以说，从文学自身来看，中国现当代文学本身蕴含着丰厚的思政资源，从课程与教学角度看，结合正确的教学方法与模式，该课程的思政教育功能必定得到很大程度的发挥。

（二）中国现当代文学课程的特点与教学方式

中国现当代文学以作家作品讲授为主，同时通过作品去发掘主人公以及作者所传达的时代精神，所以，该课程其实是围绕"人"来讲述。由于中国现当代文学产生于特定历史时期，也可以说，中国现当代文学是伴随着我国近代以来的历史而产生和发展的，并且随着未来时代的继续前进，其本身就具有很大的延展性，因此，教师在中国现当代文学教学过程中不能脱离近代以来的历史，要在特定的历史环境中去讲述一个个故事，因而也赋予了此课程历史性、时代性和个人性。而这些特征也和历史背景、时代关怀、家国意识、爱国观念、个人奋斗精神以及中国传统文化是紧密联系在一起的。

因而，中国现当代文学专业教师在授课过程中，不能脱离特殊时代语境，须结合中国近代以来某个特定时期的历史，还原真实环境中的历史故事，挖掘每个故事或主人公身上蕴含的历史感和时代精神，比如，论及抗战文学和"红色文学"时，革命志士为了国家民族，奋力拼搏，甚至不惜牺牲自己生命的奉献精神；"改革文学"中改革者不惧风险，带领大家在时代浪潮中砥砺前行的开拓精神等。时代性与历史性赋予了这门课程的还原功能和教育功能，而以主人公事迹讲故事和分析故事的方式，则赋予了中国现当代文学思政过程的形象性与生动性，这也避免了某些课程"为思政而思政"的弊端，在传授知识与思想过程中，也起到了教育和课程思政的作用，这也是中国现当代文学课程的一种特殊性。

三、中国现当代文学课程思政改革路径

（一）改革传统模式，充分利用多种教学方式

由于学科特殊性，中国现当代文学包含小说、诗歌、散文、戏剧等多种文学体裁，所以，教师在传授知识和文学常识的同时，应改变传统"教-学"模式，将每种文学体裁的特点与具体授课模式相结合。如在讲授小说戏剧时，结合具体作品，开发多媒体教学的新方式，除了课件、音视频之外，增加学生配音、表演等环节；在分析诗歌时，除了诗歌详解之外，增加师生有感情朗读、表演等部分……增强课堂教学的多样性和灵活性，改变单一教学模式，让学生真正参与其中，通过"行动-感悟"来理解人物，感受特定时代作家与作品的主题、时代精神以及作者的思想魅力。

同时，教师在讲授作家作品过程中，将作品传达出的人物品格、时代意识、家国观念与现实社会结合起来，在历史与现实对比过程中，引导学生感悟"古"与"今"的异同，在不同时代环境对比中，真切感受我们今天时代、社会、人文关怀的独特性。所以说，课程思政与中国现当代文学的有机结合，也为充分挖掘该课程对于学生思想和精神的启发性和感悟性，提供了新契机。

（二）回归时代语境，增强"代入感"

前面也曾提及，中国现代文学的产生距今已有百年历史，所以，如果要充分挖掘这段时期文学特有的人文精神、时代精神、革命精神以及教育功能，教师在教学过程中，则必须改变"立足当下"的教学思维，同时也

要引导学生"回到从前"。百分之百回到原始语境已无可能，但应最大限度地还原历史语境，增强学生的"代入感"。

首先，教师在下一次课开始前，应引导学生查阅具体作品的产生环境、时代背景以及作者个人资料、思想倾向、立场与创作目的等材料，同时让学生在阅读作品和个人感悟基础上，结合具体作品，分析作者的写作目的与意图。

其次，在授课过程中，教师应启发学生换位思考，引导学生在熟悉作者与作品前提下，将自己想象成主人公或作者，站在时代人物角度思考，改变"我认为"的思维模式，真正从彼时时代环境中领悟作品所传达出的人物特点、思想意识与时代精神。以鲁迅《狂人日记》为例，教师或者学生将自己想象成具有革命性的"狂人"，在换位思考过程中，真正理解是什么因素导致主人公成为"狂人"，他为何说出"中国几千年的历史都是吃人的历史"等话语，体会在封建思想仍占主体地位的时代，革命者或先进知识分子的处境，以及所传达出的鲁迅"反抗绝望"的精神。

最后，在回归"过往"，充分理解作品、主人公和时代寓意之后，教师也应将背景拉回现在，让学生在今昔对比中体会时代对于"人"的不同意义，比如觉慧，为了追求自由的生活，必须反抗传统大家庭带给他的种种枷锁；子君和涓生追求自由爱情，却最后走入了"死胡同"；抗战时期，沦陷区的青年必须面对精神肉体的双重折磨……同时，教师也应询问学生：而现在的大学生又体验着一种什么样的生活状态呢？在和平与宁静的时代氛围中学习的你们，又是如何认识国家、时代与社会的呢？你们是否还拥有百年前青年的那种砥砺奋斗、开拓进取与不怕牺牲的精神？

总而言之，中国现当代文学应结合自身特点与学科特殊性，以"课程思政"作为改革突破口，在进行教学改革的同时，充分挖掘中国现当代文学所蕴含的丰富思政资源，改变传统授课模式，并将"代入感"与"启发性"作为教学重点，转变学生学习思维，将传授知识、文学审美与育人相结合，让学生在乐趣与思考中，体会中国现当代文学所隐藏的时代意识、奉献精神、家国情怀和牺牲精神，在进行课程思政过程中，实现教书与育人的完美融合。

参考文献

[1] 习近平.在全国高校思想政治工作会议上的讲话[N].人民日报，2016-12-09（1）.

[2] 张敏.课程思政背景下中国现当代文学课程改革研究[J].河南科技学院学报，2021（2）：74-79.

文章翻译学视域下的课程思政

——以"壮美长江三峡，世界山水画廊——渝东北旅游线路推介"为例

王 浩

摘要：有别于拉丁框架下的西方翻译学，文章翻译学建立在方块字基础上，该理论从传统文章学"字句章篇"着眼，开宗明义宣称"做翻译等于做文章"，是真正的中国特色翻译学，彰显了学术理论自信。作为理论自信与文化自信的有机契合点，文章翻译学所倡导的语言自信旗帜鲜明并毫不含糊地为翻译课程思政教学培养学生"国际传播能力"提供了广阔施展空间。本文通过分析2019年万州区文旅委外宣推介文本发现，文章翻译学所提出的"德学才"三要素，可以从"为谁翻""谁来翻""怎么翻"多个维度解决翻译课程隐性思政中"理论性与亲和力"的问题[①]。

关键词：文章翻译学；课程思政；国际传播能力；渝东北旅游线路推介

作者简介：王浩（1987—），男，重庆三峡学院外国语学院讲师，硕士；研究方向：翻译理论与实践。

基金项目：本文系重庆三峡学院2020年校级高等教育教学改革研究项目课程思政专项项目"翻译课程思政融合路径探究"（JGSZ2009）阶段性研究成果。

一、引言

2018年，习近平总书记在全国宣传思想工作会议上指出"坚持文化自信是更基础、更广泛、更深厚的自信，是更基本、更深沉、更持久的力量"（习近平，2018）。作为思维方式的语言文字，不仅彰显文化传统，还深刻体现价值观念，因此具备文化与民族的双重特性。"文化自信只有通过文化交流，特别是语言传播才能真正得以实现。语言是文化的载体，文化自信落实到语言上，无论是口语还是书面语，就表现为语言自信"（冯智强，2018）。由2019年万州区文旅委的"渝东北旅游线路"推介语"壮美长江三峡，世界山水画廊"（以下简称"渝东北文旅推介"）可知，通过语言文字推动文旅知识在地化（长江三峡）与国际化（世界画廊）的对话、互动甚至变迁是翻译作为国际传播桥梁不可动摇的先验原理。因此，着力培养学生国际传播能力，让学生成为内知国情，外晓世界的语言服务人才是翻译课程思政的逻辑起点。

二、文献综述

文章翻译学（原称"文章学翻译学"）自潘文国（2008，2011，2012，2013，2014，2017，2019）倡导以来，迄今已有十余年。在中华民族的伟大复兴和全面崛起的今天，各个领域都发出自己的声音，包括积极发展中国学术，变学术大国为学术强国已成业界共识。由于提出这一理论的本初目的是为中译外，特别是典籍英译量身定制一套原则和方法，作为有别于严复"信达雅"翻译之道的翻译之术理论，文章翻译学得到了学界赞同并产生了一定影响（冯全功，2021；赵国月等，2017；罗选民等，2015；林元彪，2015；汪东萍等，2012；唐燕，2012）。

纵览现有的文章翻译学文献，对于文章学视域下的翻译理论研究大致分为如下两种情况：第一，译者及译者模式研究，如张德让（2019）以《原富》为例，证明了严复的翻译恰好符合他的文章翻译学主张，冯智强等（2019）对林语堂现象做出了新的阐释，认为林语堂的创译一体模式正是文章翻译学的成功体现。第二，译本及译学范研究，如操萍（2019）以《狱中杂记》英译本为例，援引桐城派文章学理论范式为文章翻译学提供了新的中国传统文论理据支撑，汪东萍等（2012）从佛典汉译视角，探讨了文章翻译学的译学范式耦合因素。从前文简要综述看出，学界似乎已经注意到文章翻译学建构的方方面面，归纳出诸多很有见地的观点：第一，中国译论失语的溯因显得极其重要，尤其是从文章学的视角下解读"信达雅"，批评对英国泰特勒"翻译三原则"的比附现象，对于重构中国译论话语权具有深远的意义。第二，文章翻译学的人文属性愈显重要，强调文章翻译学"翻译=做文章"与其他种种理论"翻译≠做文章"的本质区别。然而，仍有诸多需要深入思考和探索的问题：第一，从国际传播的角度是否可以反向支撑文章翻译学理论的实际应用性？第二，文章翻译学所强调的译者翻译与著写和合模式是否可以作为中华文化海外译介的操作范式，提升文章翻译学对新时期开展翻译课程思政以"讲好中国故事，传播好中国声音"的适用度？

三、文章翻译学"德学才"三要素在翻译课程思政中的应用

诚然，翻译与国际传播能力的根本联系在于培养用外语讲好中国故事的人才，外语人才（尤其翻译人才）拥有天然的优势。但在国际传播的翻译操作层面，如何通过语言文字"讲好中国故事，传播好中国声音"却往往面临缺乏学理支撑困境。文章翻译学强调"以做文章的态度对待翻译，强调为人先于为译，不区分文学与非文学翻译，主张一切翻译都要在完整传达意义的基础上进行文字加工"（潘文国，2019），为新时代文旅外宣与国际传播注入了来自本土的活力。立足翻译课程思政，文章翻译学以翻译为媒介，凭借其传统文化感召力和学科专业亲和力，为培养学生国际传播能力提供了可资借鉴并推广的理论支撑。

（一）"德"的维度：人品先于文品

为落实"立德树人"根本任务，在传统外语课程教学或翻译课程教学中，发挥"育人"功能的德育教育主要以渗透或者主题思想教育的形式展开。然而，对于语言翻译教学而言，囿于教学主题内容的"德育"设计在显性融入课程教学过程中往往缺乏学习驱动力、亲和力而似无源之水，只能隔靴搔痒。正所谓"道德文章"，文章翻译学强调"为人先于为学"的理念，透过"修辞立其诚"的棱镜，最终试图解读"学习研究翻译的人多"与"真心实意做翻译的人少"的两难困惑，找到德育与翻译教学一箭双雕的有效途径，真正达到培养出专业能力和政治素质"双过硬"人才的全面要求。

（二）"学"的维度：摆脱文学路径依赖，掌握在地化文化知识

习近平总书记指出："各地区各部门要发挥各自特色和优势开展工作，展示丰富多彩、生动立体的中国形象"（习近平，2021）。在传统语言翻译教学中，学生往往为了实现"专业准入"（学习内容以考取语言专业等级证书为导向）而陷入"以文学为主"的路径依赖困境，对特色化和在地化的文化知识知之甚少，因此在国际传播的过程中失去了先天的地缘优势。文章翻译学强调"辞达而已矣"，隐含了对特色在地化文化知识的高要求。众所周知，只有系统掌握在地化的历史文化知识，才能通达无碍地展示好中国形象。以地方文旅外宣为例，在"生态文明"的大背景下，译者只有深入了解家乡的这片水与那座山，才能真正理解"绿水青山就是金山银山"的价值理念并量体裁衣将之准确传播给全世界，真正成为"内知国情，外晓世界"的多学博见之才。

（三）"才"的维度：文章是语言形式的艺术，译文创作等于做文章

有关"文采"，刘勰在《文心雕龙·情采》中提到"圣贤辞书，总称文章，非采而何"（周振甫，1986）的普遍原则，指明了"文采"是所有

文章的应然之义。观圣贤辞书可知，"《诗》《书》《礼》《易》《春秋》"之中，除开《诗经》属于文学范畴，其他典籍都明显具备非文学特征，这显然拥有"文采"的实然之情。"所有行诸文字的文章都要求"文"化，也就是美化"（潘文国，2019）。所谓"言之无文，行之不远"，正如习近平总书记强调的"要更好推动中华文化走出去，以文载道、以文传声、以文化人，向世界阐释推介更多具有中国特色、体现中国精神、蕴藏中国智慧的优秀文化"（习近平，2021）。而"文章翻译学说到底就是要在充分传达原文意思的基础上写出美化的文章"（潘文国，2019），因此在翻译教学中，通过语言文字美，让美育融入翻译课堂，以美译配美文，便可润物细无声地打通"德智体美劳"中的第四关，实现隐性思政。

四、2019年万州区文旅委外宣文本"壮美长江三峡，世界山水画廊——渝东北旅游线路推介"的文章翻译学阐释

（一）用图文诠释"生态文明"，宣传中国智慧

"党的十八大以来，以习近平同志为核心的党中央从中华民族永续发展的高度出发，深刻把握生态文明建设在新时代中国特色社会主义事业中的重要地位和战略意义，大力推动生态文明理论创新、实践创新、制度创新，创造性提出一系列新理念新思想新战略，形成了习近平生态文明思想，为新时代我国生态文明建设提供了根本遵循和行动指南。党的十九届六中全会审议通过的《中共中央关于党的百年奋斗重大成就和历史经验的决议》，从13个方面总结新时代中国特色社会主义的伟大成就，其中一个重要方面就是生态文明建设"（刘毅，2022）。文章翻译学倡导的"为人先于为译"从源头上对"为谁发声"做出了积极的价值引领。限于版面，试举几例：

例一

推介原文："长江三峡是长江最为险要，最为壮美的一段。多条河流

在这里深情相拥，融为一体，形成长江最独具远古地质风貌的生态文化长廊——渝东北生态长廊。"

参考译文："The Three Gorges area serves as the steepest part of the Yangtze River with its great grandeur. Many rivers converge here, forming the most unique ecological culture corridor of the Yangtze River with its ancient geological features — the ecological corridor in northeastern Chongqing."

翻译评点："渝东北文旅推介"开宗明义，在序言中以醒目的图文方式推出"渝东北生态长廊"多模态文案。这正是依托在地化的长江三峡，以生动实践立体阐述中国的"文明观"与"生态观"。用语言文字发声，让世界看到长江的壮美，进一步感受到生态文明的内涵。文章翻译学以"德"为先，审慎对待每一个字词的准确理解。因此，在原文解构过程中，要准确表达三峡的"宏伟壮观"进一步阐释人与自然和谐共生的中国智慧，只有"grandeur（壮丽；伟大）"一词恰如其分，而绝非视觉层面的"splendid（壮丽）"或"magnificent（壮丽）"所能媲美。

例二

推介原文："飞禽走兽，奔蹦其间。"

参考译文："And among the gorges, birds fly and animals climb, leap and run."

翻译评点：在《生物多样性公约》第十五次缔约方大会领导人峰会上，习近平主席站在对人类文明负责的高度援引《荀子·天论》"万物各得其和以生，各得其养以成"（习近平，2021），以深厚的人民情怀、天下情怀审视生态文明建设，以人与自然和谐共生的中国智慧倡导对自然的尊重、顺应与保护。一定意义上，中国的生态文明成果为共同构建地球生命共同体擘画了方向。由该文本所配图片可知，不论是草原上奔腾的骏马，还是江面时而浮游时而飞翔的红嘴鸥，抑或小三峡归林戏耍的猕猴，都以生动的图文模态向观众展示了中国生态文化奇观中"和谐生态"与"生物多样性"。分析原文可知，汉语以方块字为本位，突出"四字格"特色，互文见义，仅仅八个字就简明扼要向读者展开了一幅生动多彩的和谐生态画卷。文章翻译学强调译者"修辞立其诚"的德性修养，为准确再现原文，译文中增译"among the gorges（在三峡之间）"与"birds fly（鸟儿飞翔）"两处，让读者更为立体地建立图文联系，从而更为准确地理解图片的言外之意。

（二）构建在地化文旅知识框架，实现中国声音的区域化表达

新中国成立70多年来，翻译业态逐步从单纯的"翻译世界"阶段转变为多维的"翻译中国"阶段。翻译的内容也从20世纪末的传统文化拓展到当代中国的基本国情。虽然译者在接受学校教育过程中因路径依赖（通过学外国文化而学习外国语言）较多关注的是"翻译世界"，但为了避免自说自话，在国际传播过程中译者要对受众的思维习惯与阅读习惯保持高度敏感。因此，译者只有将在地化的文旅知识框架和国际化的语言思维习惯相结合，不可偏废，不断扩充建构非文学为主的在地化文旅知识框架，才能在外宣中做到游刃有余。文章翻译学所倡导的"不区分文学与非文学"的建构式学习理念积极回答了"谁来翻译中国"的思政之问。

限于版面，试举几例：

例一

推介原文："线路1：渝宜高速线　主城→长寿（菩提山、长寿湖）→垫江（牡丹花海、乐天花谷）→梁平（双桂堂、百里竹海）→万州（万州大瀑布、高峡平湖度假区）→开州（汉丰湖、雪宝山）→云阳（龙缸、张飞庙、三峡梯城）→奉节（白帝城·瞿塘峡、三峡之巅）→巫山（三峡云巅·神女天路、小三峡·小小三峡）→巫溪（红池坝、宁厂古镇）→城口（亢谷景区、黄安坝）。"

参考译文："Route No.1: the Chongqing-Yichang Expressway

Main Urban Areas of Chongqing→Changshou District（Mount Puti, Changshou Lake）→Dianjiang County（Peony Flower Sea, Letian Flower Park）→Liangping District（Shuanggui Temple, Baili Bamboo Sea）→Wanzhou District（Wanzhou Great Waterfall, Gaoxiapinghu Resort）

→Kaizhou District (Hanfeng Lake, Xuebao Mountain) →Yunyang County (Longgang National Geological Park, Zhangfei Temple, Three Gorges' City of Stairs) →Fengjie County (Baidi City & Qutang Gorge, Peak of the Three Gorges) →Wushan County (Peak of the Three Gorges·Shennv Road to the Cloud and Sky, the Lesser Three Gorges·the Mini Three Gorges) →Wuxi County (Hongchi Tableland, Ningchang Ancient Town) →Chengkou County (Kanggu Scenic Area, Huang'anba Pasture)."

翻译评点：如上文所示，在该"渝东北文旅推介"中，针对在地化的诸如"菩提山""双桂堂""张飞庙""白帝城""神女峰"等历史文化类词汇，译文采取拼音直译的形式处理，这高度体现了语言自信和文化自觉。在教学过程中，教师可以引导学生参照有如"十九大报告"中直译加注的处理范式，一方面尊重汉语表达"以异为译"，另一方面采用尾注或脚注的形式为目的语读者做出在地化的背景阐释。考虑宗教类景点所在地的一贯称呼可知，包括地方导游介绍和交通路牌在内的所有信息都会显示为"菩提"而不是梵文"Bodhi"。同理，历史类三国文化景点中，"张飞"和"白帝"都有厚重的历史内涵，译者如果不能对历史事件和历史人物有详细了解，对外传播中势必会陷入自说自话的困境，遑论语言文化完全不同的目的语读者。因此，从对外传播效果角度出发，应该遵循文章翻译学所倡导的"辞达而已矣"原则。如对于神话传说类景点"神女峰"，如果盲目顺应目的语读者直接译为"Goddess（女神）"则有悖于文章翻译学所倡导的语言自信和文化自信。在汉语的文学世界里，"神女"是历代骚客文人笔下的神秘想象，这想象背后蕴含着屈原的吟咏，宋玉的遐想，李白的寻觅、刘禹锡的留恋、元稹的比照、苏轼的惆怅、陆游的感慨，及至当代伟人的浪漫勾画、舒婷的深情呼唤……显然，在丰富的文化历史面前，归化译法"Goddess"是多么苍白无力。鉴于此，译者除了学语言做翻译之外，更应不断建构和充实自己的特色在地化知识，这样才能真正做到内知国情，外晓世界。

例二

推介原文："巫溪"

参考译文："Wuxi County"

翻译评点：由译文可知，之所以增译"county（县）"一词，是因为在中国的地名中像"无锡"这一地级市恰恰拥有同样的拼音表达形式，而这无疑会对目的语读者造成困扰。为做到文化的准确传播，译者必须从目的语读者的立场出发，储备在地化非文学背景知识，尽力缩小其文化认知差距，真正做到通达无碍地"翻译中国"。

（三）美译配美文，以诗译诗

在"渝东北文旅推介"中既有唐代诗人李白的传世名篇"早发白帝城"全诗，又有开国领袖毛泽东诗歌中"高峡出平湖"的著名诗句。文章翻译学提倡"以做文章的态度做翻译"，按传统文章学理念，文章创作重在"文采"，译文创作应同此理。因此，译者在参考选取平行文本时，应该参考既有诸多翻译名家版本中"音形意"俱佳的译作以再现"韵味"。正如翻译大家林纾在《春觉斋论文》中提到"论文而及于神味，文之能事毕矣"（王水照，2007）。由此可知，只有做到"音美、意美、形美"才算是真正意义上的以诗译诗，以美化的文字传播美文。试举一例如下：

推介原文："朝辞白帝彩云间，千里江陵一日还。两岸猿声啼不住，轻舟已过万重山。"

参考译文："Leaving at dawn the White Emperor crowned with cloud,

I've sailed a thousand miles through canyons in a day.

With monkeys' sad adieus the river banks are loud,

My skiff has left ten thousand mountains far away."

翻译评点：该例译文选取中国"北极光奖"获得者——已故翻译大师许渊冲先生的译文。许先生是翻译"三美论"的首创者，更是诗歌翻译的伟大践行者。由译文可知，译文以诗译诗：形美维度，译文再现原文的整齐四句形式，且用整齐的每句"十二音节数"对应原文的"七言格式"。

由文章翻译学所倡导的"音义互动律"可知，不论是汉语的七言还是英文的音节数，其本质都是语言的节奏韵律，"气韵生动"正是中国文章学的灵魂；意美维度，译文用词严谨，例如"轻舟"一词，译文选择"skiff（单人小船）"而非"boat（客船）"或"ship（轮船）"。传统文章学认为"字辞义"是"字句章篇"的基础，大诗人杜甫在《漫成二首》中有云："读书难字过"（仇兆鳌，2007），正是以诗人的视角强调选字措辞的重要意义；音美维度，汉语原诗一韵到底，而译文采用abab隔行韵的形式再现了诗歌的音韵之美。综上，以许渊冲先生译文为平行文本的参考译文堪称美译，这充分诠释了文章翻译学"做翻译等于做文章"的核心观点。由此可知，在翻译课程中融入美育并不突兀，用美化的语言文字去传播中国声音有力增强了国际传播的亲和力和实效性，有效回答了"怎么翻"的对外传播之问。

五、结语

习近平总书记强调："要全面提升国际传播效能，建强适应新时代国际传播需要的专门人才队伍。要加强国际传播的理论研究，掌握国际传播的规律，构建对外话语体系，提高传播艺术。"（习近平，2021）本文通过分析"渝东北文旅推介"外宣文本发现：在翻译课程思政中，只要把握住文章翻译学"德学才"三要素，译者就可以构建完整的对外传播话语体系，以做文章的态度做翻译也必然让"传播中国声音"变成外宣的艺术。文章翻译学视域下的课程思政，既是中国理论阐释中国实践，更是用中国实践升华中国理论。广大翻译教育者可在讲好中国故事的过程中教学相长，创新探索国际传播范式，进而透过文化自信与语言自信的棱镜鲜明地展示中国故事背后的思想力量与精神力量。

参考文献

[1]操萍.桐城派文章学视角下《狱中杂记》英译本解读[J].淮海工学

院学报（人文社会科学版），2019（11）：51–54.

[2]杜甫.漫成二首[M]//仇兆鳌.杜诗详注：第二册.北京：中华书局，2007：797–798.

[3]冯全功.中国特色翻译理论：回顾与展望[J].浙江大学学报（人文社会科学版），2021，51（01）：163–173.

[4]冯智强，庞秀成.宇宙文章中西合璧，英文著译浑然天成：林语堂"创译一体"的文章学解读[J].上海翻译，2019（01）：11–17.

[5]冯智强；崔静敏.林语堂英文著译中的语言自信研究[J].天津外国语大学学报，2018（1）：46–61.

[6]林纾.春觉斋论文[M]//王水照.历代文话：第七册.上海：复旦大学出版社，2007：2559–2594.

[7]林元彪.道器并重的"中国路子"：论潘文国"文章学翻译学"的理论与实践[J].外语教学理论与实践，2015（02）：73–79.

[8]林元彪.文章学翻译学与语言科技时代翻译的人文任务[J].上海翻译，2019（01）：18–24.

[9]刘勰.文心雕龙[M]//周振甫.文心雕龙今译.北京：中华书局，1986：306.

[10]刘毅.不断开创新时代生态文明建设新局面[EB/OL].（2022-09-13）[2022-09-15].https://www.chinanews.com.cn/gn/2022/09-13/9850840.shtml.

[11]罗选民，王敏.易为古今，译为中外：谈潘文国先生的翻译研究[J].外语教学，2015，36（03）：80–84.

[12]潘文国.中国语言学的未来在哪里？[J].华东师范大学学报，2008（01）：96–102.

[13]潘文国.文章学翻译学刍议[C]//汪榕培，郭尚兴.典籍英译研究（第五辑）.北京：外语教学与研究出版社，2011：2–10.

[14]潘文国.寻找自己家里的"竹夫人"：论中西语言学接轨的另一条路径兼谈文章学[J].杭州师范大学学报（社会科学版），2012，34（03）：

93-99.

[15]潘文国.构建中国学派翻译理论：是否必要?有无可能?[J].燕山大学学报（哲学社会科学版），2013，14（04）：20-24.

[16]潘文国.译文三合：义、体、气：文章学视角下的翻译研究[J].吉林师范大学学报，2014（06）：93-101.

[17]潘文国.文章翻译学的名与实[J].上海翻译，2019（01）：1-5，24.

[18]谭振江.护根[N].光明日报，2004-10-29.

[19]唐燕.中国译论失语：文章学视角下"信达雅"的解读[J].学术论坛，2012，35（10）：85-88，110.

[20]汪东萍，傅勇林.佛典汉译给我们留下了什么：文章学译学范式构建[J].西安外国语大学学报，2012，20（02）：106-109.

[21] 习近平.共同构建地球生命共同体：在《生物多样性公约》第十五次缔约方大会领导人峰会上的主旨讲话[EB/OL].（2021-10-12）[2022-09-15].https：//baijiahao.baidu.com/s?id=1713393793502204081&wfr=spider&for=pc.

[22]习近平.在全国宣传思想工作会议上的讲话[EB/OL].（2018-08-22）[2022-09-15].http：//www.gov.cn/xinwen/2018-08/22/content_5315723.htm?from=singlemessage&isappinstalled=0.

[23]赵国月，周领顺，潘文国.翻译研究的"中国学派"：现状、理据与践行[J].翻译论坛，2017（02）：9-15.

[24]张德让.严复《原富》翻译的文章学研究[J].上海翻译，2019（01）：6-10.

德育教育在高中现代诗歌教学的实践探讨

张 辰

摘要：中学语文课程是对学生进行人文素养培育的重要领域。高中阶段是青少年身心发展的关键时期，在高中语文教学中融入德育教育，不仅具有独特的优势，而且符合时代发展的需求。现代诗歌作为高中语文课程教学的一个重难点，需要发挥学生的自主性和思辨性。本文以部编本高中语文教材为例，将德育教育应用到高中现代诗歌的课程教学设计与实施中，探析诗歌中的德育元素，帮助学生树立正确的价值观，从而提升学生的综合素养。

关键词：德育教育；高中语文；现代诗歌；实践

德育教育是新时期学校教育的新要求，也是教育发展进入新历史阶段的必然趋势。德育教育在本质上就是教育的一类，目的在于立德树人。立德树人即是以德立身、以德立学、以德施教。培养学生的语文核心素养，是实现立德树人总体目标的根本途径。所谓师者，传道授业解惑也。传统的中学语文课程及教材，往往缺乏德育教育的渗透。而与原有的旧教材相比，部编本高中语文新教材在理念、结构、体例、课文的选取、内容的设计上都有显著变化，加入了人文主题这条线。在人文主题的设计上，充分考虑到新时代中学生人格和精神成长的需要，主要聚焦在政治认同、家国

作者简介：张辰（1994—），女，重庆万州人，2021级硕士研究生；研究方向：学科教学（语文）。

情怀、文化素养、法治意识、道德修养方面。通过德育教育的渗透，传承和创新中华民族优秀传统文化，树立当代青年学生正确的人生观、价值观、国家观和民族观，这关乎着中国特色社会主义现代化事业发展的前途和命运。

高中语文现代诗歌教学中，通过教师解读课文、学生学习课文的结合，将德育教育融于教学内容之中，从作品解读到提炼思想内容，充分挖掘课程德育元素，为学生树立正确的世界观、人生观、价值观打下良好的基础，培养时代所需的综合型应用人才。

一、中学语文德育教育的必要性

中学语文以提升学生的语文核心素养为重点，培养学生的应用读写能力、探究创新能力，使学生更好地学习和发展，具备良好的科学文化素养和思想政治素质。随着时代的发展，中学语文课程教学不断改革完善，取得了显著的成效，但传统的应试教育仍是一大阻碍。对此，我们急需改革创新，坚持与时俱进，把德育教育融入中学语文课程教学。

2016年12月7日至8日，习近平总书记在全国高校思想政治工作会议上提出，"要坚持把'立德树人'作为中心环节，把思想政治工作贯穿教育教学全过程，实现全程育人、全方位育人，努力开创我国高等教育事业发展新局面[1]"。此后出台的相关政策及教育文件都把立德树人作为教育指导思想和根本任务，这也体现了新时代教育工作中德育教育的时代性和重要性。

德育教育是在坚持马克思主义基本原理的前提下，切合时代发展特征，挖掘学科中的德育元素，将之有机地与学科内容相结合，进而在教学中潜移默化地进行。其本质旨在教育学生，在知识传授的同时培养学生健全的人格，塑造正确的人生观、价值观。新时代背景下的德育教育，从理念、内容、方法等方面都注入了鲜明的时代内涵。中学语文课程中蕴含着丰富的德育元素。从课程性质来看，在《语文教育》一书中提出："中学语文课程的人文性特点，符合'以文化人''以文育人'的教育理念，在中学语文教学中应该加强学生人文素养的培养。"[2]新时代的语文课程改革，从知识与技能、过程与方法、情感态度与价值观三个维度出发，突破语文课程传统结构，结合课程内容挖掘德育元素。教师在探索中逐渐摸索新的教学方法，因材施教，开展德育教育，注重学生的全面发展，提升学生的综合素质，为社会培养品学兼优的现代化优秀人才，有利于促进社会的整体进步。

二、高中现代诗歌教学现状

在高中语文课堂教学中，现代诗歌是不可或缺的一个板块。"现代诗歌教学一直是高中语文的起始教学点，无论是人教版高中语文教材，还是部编本高中语文必修上册，都把现代新诗摆在高中语文学习的第一步，可见教材编选者对现代诗歌的重视，以及期望高一新生提升文化品位和审美情趣的初衷。"[3]但对于高中的语文教学课堂，由于现代诗歌在语言上的简洁凝练、结构上的跨度跳脱、情感上的饱满丰富等，使得鉴赏现代诗歌需要诗性思维和理性思维的结合，加上传统语文教学中对于现代诗歌的重视程度不够，语文教材中的选文也相对较少，在课堂讲解上以偏概全、以点概面，教学内容和方法固化单一，使得中学生对于现代诗歌的解读往往是片面而带有疑惑的。

《普通高中语文课程标准（实验）》对高中现代诗歌的教学提出如下要求："培养学生鉴赏诗歌的浓厚兴趣，丰富自己的情感世界，养成健康高尚的审美情趣，提高文学修养。"[4]部编本高中语文教材相比较之前的教材版本，在理念、内容、方法上都有明显的提升，融入了社会主义核心价值观教育，在单元体系设计上以人文主题和学习任务群来整合，更加注重语文核心素养的培育发展，进一步地贯彻落实德育教育。对于中国现代诗歌的内容编排，高中必修教材主要以"文学阅读与写作"模块划分篇目，强调单元学习任务，选择性必修教材则以"中国现当代作家作品研习"组织选文篇目，强调单元研习任务[5]。其较之前的教材所选诗歌篇目有所更新，必修教材中所选诗歌创作于不同的历史时期，涵盖现当代作品，都是对青春的吟唱与感悟，选择性必修教材则是选编了不同流派的现代诗歌，涵盖了新文学的主要体裁，引导学生了解社会变革，探索民族心理，提升文学素养。具体选文概况如表1所示。

表1 部编本高中语文现代诗歌选文概况

年级册数	选文总篇幅数	现代诗歌所占篇幅数	作者	篇目	题材	主题
必修上	36	5	毛泽东	沁园春·长沙	政治信念	热爱祖国
			郭沫若	立在地球边上放号	自然界	理想奋斗
			闻一多	红烛	政治信念	热爱祖国
			昌耀	峨日朵雪峰之侧	个人情感	理想奋斗
			雪莱	致云雀	个人情感	理想奋斗
必修下	29	0				
选择性必修上册	21	0				
选择性必修中册	26	4	歌德	迷娘（之一）	个人情感	歌颂情感
			普希金	致大海	政治信念	理想奋斗
			惠特曼	自己之歌（节选）	哲学人生	理想奋斗
			特朗斯特罗姆	树和天空	自然界	歌颂情感
选择性必修下册	27	2	艾青	大堰河——我的保姆	政治信念	歌颂情感
			徐志摩	再别康桥	个人情感	歌颂情感

由此可见，现代诗歌在部编本高中语文教材中占据一定篇幅但总体较少，从选文数量上看，必修上册有5首，选择性必修中册有4首，选择性必修下册有2首。所选诗歌涉及中外，素材较为丰富，学生在了解中外不同的历史文化基础上，掌握研读诗歌的方式与方法，了解和把握诗歌的内

涵，进而更好地学习现代诗歌。

从选文的题材分布情况来看，高中阶段个人情感以及政治信念方面的题材占据主要地位。这与高中阶段青少年的心理与情感发展密切相关，在青少年身心发展的关键时期，选文的题材引导学生正确认识作品本身的内涵，体会作者表达的思想感情，树立正确的人生观、价值观。但不足是选文篇目较少，在题材方面有很大的局限性。高中生正处在博览群书、广泛接受知识的年纪，诗歌题材范围可以进一步扩大，让学生阅读学习更多类型更为丰富的诗歌。

从选文的主题分布状况看，现代诗歌主旋律始终是热爱祖国、歌颂情感和理想奋斗。借助高中课本知识告诫青少年铭记历史、感恩革命先烈，珍惜现有的美好和平生活，同时也要心怀理想追求，拼搏人生。总体而言，中学教材课文的主题思想与语文教学大纲中体现的德育教育契合，培养学生的家国情怀和良好素养，为培养社会所需要的高素质综合型人才打下良好基础。

三、德育教育应用于现代诗歌的实践探讨

在现代诗歌教学中，德育教育既是一种新的教育手段，运用于教学方法中，又是一种新的教学理念，渗透在教学内容中。我们根据中学语文学科的特点，将德育教育与语文的核心素养相结合，旨在实现课堂教学中"三全育人"的目标。针对当前部编本语文教材的内容编排，语文核心素养主要体现在三个环节：单元导读、选文内容和学习提示。高中语文必修上册第一单元就对应"文学阅读与写作"学习任务群，单元主题为"青春的价值"。该单元从诗歌入手，使学生理解诗歌意象的特征与内涵，把握作品中叙述和描写的细节，领会和思考"青春的价值"[6]。通过单元活动目标、任务、作业设计等环节，在教学实践中提升学生在诗歌阅读与鉴赏方面的能力，培养学生的语文素养。下面，我们选取该单元第二课《红烛》，从单元导读、课文预习、内容分析三方面挖掘所蕴含的语文核心素

养，融入德育教育，进行文章解读。

（一）单元导读中的德育教育

《红烛》排在单元的第二课，是学习赏析现代诗歌的典范例文。该单元主要学习中国现当代诗歌和外国诗歌。通过对单元导读进行分析可知，诗歌学习主要从诗歌的语言文字出发，结合诗歌的写作背景和写作意图，联系社会现实，体会诗中的情思和意境。同时，诗歌学习还要重视朗读吟诵，在反复的朗诵中把握诗歌的感情基调。从字里行间细细品味，初步体会诗歌语言的奥秘。在整体感知诗歌内容的基础上，体会作者的思想感情。有的文章情感显豁直露，易于把握；有的则深沉含蓄，需要联想体会细细揣摩。

就整个单元而言，德育教育主要体现在语文核心素养上，语文核心素养应该是内容主题与语文要素的整合。对于《红烛》一诗，重点是要从字里行间去感受和理解作者想要表达的家国情怀，去感悟诗中表达的奉献精神和爱国主义精神。具体是如何结合德育教育落实核心素养的，我们来看课文的预习说明和内容的思考探索。

（二）课文预习中的德育教育

这一环节是对于课文内容的基础了解，确定问题情境，让学生明确需要解决的问题方向，培养学生的知识技能与解决问题的技能。《红烛》是现代著名诗人闻一多先生的代表作。赴美留学的闻一多出于对文学的热爱以及难以抑制的思乡之情，创作了大量的爱国诗篇。《红烛》是其第一部诗集，它的内容丰富广泛，表现了诗人炽热的爱国思乡之情以及希望献身艺术、报效祖国的理想，同时，整个诗集既有对爱情、对自然的歌颂和赞美，也有对前途感到渺茫的感伤和哀怨。这也使得这本诗集风格独特富有意境，想象丰富，语言精练，体现了作者鲜明的风格与个性。而与诗集同名的诗篇，就是诗集《红烛》的序诗。

正如教材课后学习提示所说："闻一多的《红烛》化用'蜡烛'这一

古典意象，赋予它新的含义，赞美了红烛以'烧蜡成灰'来点亮世界的奉献精神。注意体会诗人如何借助与红烛的'对话'来表达青春的困惑与希望，以及对理想的坚毅追求。洋溢在诗中的幻想和情绪渲染，感叹词的回环使用，诗句长短错落形成的节奏美，也是欣赏时要关注的。"[7]从学习提示里，捕捉诗歌理解的重点信息，在课文的预习阶段给学生留下问题，带着疑问进而诵读整首诗歌。《红烛》是诗人闻一多留学国外创作的诗歌，诗中展现了溢于言表的感慨和弱国子民的悲哀，字里行间充满了渴望像蜡烛一样燃烧自我的爱国情感和奉献精神，这和诗人忧国忧民的家国情怀是分不开的。借此，我们学习《红烛》，是要领悟"红烛"的象征意义，体会诗人的爱国之情与家国情怀，在赏析中挖掘课程德育元素，对于培养学生的鉴赏能力，提高学生的审美情趣，有着重要的意义。

（三）内容分析中的德育教育

1. 教学目标与重难点

在课堂学习开始之际，确立诗歌的教学目标，从现代诗歌的角度鉴赏，对诗歌的形式要素和形式规范进行理解，对诗人所抒之情所写之志进行领悟，感受诗人的理想追求与家国情怀。

对于诗歌的教学重难点，要求学生反复诵读，引导学生进行思考。细细解读诗歌中的重点字词，比如"残风""监狱"等；在背景介绍中加深对历史的审视，拓展历史知识；体会诗人的爱国之情，加深对家国情怀的理解。这些语文要素的学习活动，其目的就是培养学生的自主探究意识，去体会感悟文章的内涵，引导学生品味作者的爱国之情，理解诗人献身祖国、甘愿自我牺牲的爱国精神。

2. 课堂导入

引用中国古典诗歌中关于"烛"的诗句："何当共剪西窗烛，却话巴山夜雨时""少年听雨歌楼上，红烛昏罗帐"……同时列举体现"家国情怀"的经典诗句，如"我自横刀向天笑，去留肝胆两昆仑""先天下之忧而忧，后天下之乐而乐"等，通过以上诗句的列举进入文本，进而提出疑问：本诗中一共有几处提问，诗人对于红烛的情感态度如何？诗歌怎样体现了作者的家国情怀？总结"家国情怀"的内涵：对国家、对人民的一种深情大爱，对国家民族的一种认同感、归属感和责任感，一种无私奉献的牺牲精神，进而引出本篇课文《红烛》的学习。

3.教学过程

在诗歌赏析中，抓住核心关键词，用提问讨论等方式来看闻一多先生的家国情怀。虽然留学国外却心系祖国，时刻关注国家政治形势的变化，关注百姓的生活。这种推己及人的大爱就是作者所要表达的家国情怀。

全诗共九节，开头着眼于红烛的颜色，集中在一个"红"字上面，凸显了红烛的总体形象，每一节的开头都是一声"红烛啊"，体现诗人对烛的呼唤，倾诉自己的所见所想所感。运用比拟的修辞手法，赋予红烛以人的思想感情，烘托出一种有血有肉的红烛形象，这样红烛的形象就成为诗人情感的依托。

进而由红烛形象联想到诗人自身，物与我完全的结合。诗歌的节奏抑扬顿挫，形象鲜明深刻，紧扣"蜡炬成灰泪始干"一句，先后三次发问，一问诗人的心是否红，二问红烛为何自焚，三问红烛为何流泪，使情感的抒发层层推进。在问问答答中，托物言志，酣畅淋漓。进而体会诗歌的重点词语，领会代表黑暗势力的"残风"、束缚民众思想枷锁的"监狱""烧破世人的梦"等好词佳句。最后一节引出曾国藩的名言："莫问收获，但问耕耘。"这样的哲理，是诗人对自己的勉励与内心剖析，更体现其坚定的革命意志，如此也就将红烛精神归结为一种彻底奉献的人生哲学，抒发家国情怀的宏伟志向。在诗人那激情澎湃、感人肺腑的诗句中，为他对祖国的忠诚，对人民的热爱，为他那种不惜一切报效祖国的精神而怦然心动。

诗人的心是红的，诗人渴望像红烛一样燃烧自己，诗人把自己与红烛相通，红烛即是诗人，诗人即是红烛。本诗抒发的家国情怀，具有震撼人心的力量。红烛以"莫问收获，但问耕耘"为宗旨，唯愿为世人带去光明，即使自我毁灭也无所畏惧。这是一个伟大的爱国者的心声，"他赤诚地热爱祖国，热爱人民，以国家民族大义为己任。红烛的形象是诗人光辉人格的写照，全诗闪耀着诗人光辉的人格美。"[8]

在诗歌的拓展上，本诗的家国情怀同样在闻一多甚至其他爱国诗人的诗歌中有所体现。学生可以通过课后阅读进行知识的延伸拓展，课下相互交流讨论，在互动中加深对家国情怀的体会。进而重申"家"与"国"的联系，领悟家国情怀的含义，如诗歌所表达的主题，要有与国家民族休戚与共的壮怀，有以百姓之心为心、以天下为己任的使命感。

4.作业布置

在课后的作业布置环节，可以适当地开展话题讨论或者写作，话题主要关于当代中国人的家国情怀，引导学生注意关注和发现家国情怀的时代性与社会性。随着国家的日益强大，中华民族优秀传统文化逐渐渗透在国家发展、社会建设、文化传承上，家国情怀结合当下所处的时代现状，应该是与人民的一切息息相关，以悲天悯人的情怀去体恤底层人民。在共同价值观的引导下，朝着积极、正面、良性的方向发展。引用当代类似"红烛"精神的人物，联系当前抗疫中那些逆流而上的人，如坚守在抗击疫情最前沿，用渐冻的生命托起患者信心与希望的张定宇院长，奋不顾身救出两名落水儿童却不幸牺牲的时代楷模王红旭老师等。通过宣讲他们为了国家、为了民族牺牲小我、顾全大局的先进事迹，以切实的经历对学生做别有意义的思想政治教育，引导学生树立正确的价值导向。将家国情怀引申到现代社会，引导学生把个人价值寄托于对国家对民族的大爱与奋斗中，在家国情怀的烘托下为实现中华民族的伟大复兴而奋斗。

四、结语

高中语文现代诗歌教学要顺应时代的发展，充分认识到德育教育的重要性。身为高中语文教师，承担着学生德育教育的重任，要把"教书"与"育人"放在同等重要的位置上[9]。挖掘语文教学内容的德育元素，在理论教学和实际运用中完成德育教育的渗透教学；学生通过赏析作品，在潜移默化中接受经典文学作品的熏陶，进而培育核心素养，领悟中华民族博大精深的文化魅力，增强民族自信心与自豪感，树立正确的世界观、人生观和价值观，成为德智体美劳全面发展的符合国家建设和发展需要的综合型人才。

参考文献

[1]习近平.把思想政治工作贯穿教育教学全过程　开创我国高等教育事业发展新局面[N].人民日报，2016-12-9（1）.

[2]钟佩静.浅谈中学语文教学中的人文教育[J].语文教育，2012（10）：49-50.

[3]林明.高一语文现代诗歌微专题教学之诗语秘妙[J].福建教育学院学报，2021（2）：24-26.

[4]中华人民共和国教育部.普通高中语文课程标准（实验）[M].北京：人民教育出版社，2012:18-19.

[5]李晓辉.高中语文现当代诗歌教学中存在的问题及其解决对策[J].读与写，2014（1）：77-78.

[6]丁筱涵.现代诗歌探究性教学案例研究[D].济南：山东师范大学，2015.

[7]中华人民共和国教育部.高中语文必修上册[M].北京：人民教育出版社，2019: 10.

[8]宋学婷.红烛诗人的红烛精神[J].中学语文教学参考，2020（11）：12-13.

[9]张娟.高中语文教学中德育教育的渗透[J].科技资讯，2020（33）：82-83.

《弟子规》在印度尼西亚幼儿教育中的传播研究

—— 以印尼八华学校幼儿园为例

汤 静

摘要：《弟子规》作为著名的中华优秀传统文化的代表读物，已经成功地走出国门，被远在南洋的印度尼西亚教育界所接受和推崇，成为海外文化传播的一个切入口，将中华传统儒家文化带入南洋。本文以实地考察、查阅文献等方法，以印度尼西亚八华学校幼儿园为例，探索了以《弟子规》为主的中华传统儒家文化在印尼的传播过程、成功传播的原因、传播过程中所受的阻力以及解决对策。

关键词：《弟子规》；文化传播；印度尼西亚；八华学校

一、以《弟子规》儒家精神立校的印尼八华学校

《弟子规》本是由清朝康熙年间著名学者、教育家李毓秀所作《训蒙文》改名而来，它是采用《论语》"学而篇"第六条"弟子，入则孝，出则弟，谨而信，泛爱众，而亲仁，行有余力，则以学文"的文义，列述

作者简介：汤静（1994 — ），女，重庆梁平人，重庆三峡学院研究生；研究方向：中国现当代文学。

弟子在家、出外、待人、接物与学习上应该恪守的守则规范。《弟子规》共有360句、1080个字，三字一句，两句或四句连意，合辙押韵，朗朗上口，全篇分为"总叙""入则孝""出则弟""谨""信""泛爱众""亲仁""余力学文"七个部分。无论是在封建社会时期还是当今社会，《弟子规》所承载的儒家忠孝仁爱精神对个人的修为修养和社会稳定都有着积极作用，印度尼西亚八华学校正是本着传承优秀儒家文化，培育忠孝友爱的栋梁人才的初衷，将《弟子规》作为立校之本。

八华学校位于印度尼西亚首都雅加达的西部丹格朗地区，除政治原因导致的中间停校四十年外，自1901年创校以来已有百年历史，这是一所由印尼华商创办并传承下来的以中华传统文化教育为主的中、英、印三语学校，尤其是自2007年复校以来，更是注重对中华传统儒家文化的传承，紧紧抓住道德教育这一环，以《弟子规》为基准，着重培养学生的孝、悌、礼、义、廉、耻、信、忠、仁、智的优良道德观，学校甚至将这十个字做成胸章，要求全校师生一起佩戴，并将每个字配有相对应的口号和手语以供学生理解学习。近年来，八华学校的校董更是设立了独立的华文部、道德部，常年从中国招聘专职的汉语言文化老师，旨在传播传承更优良的中华传统优秀儒家文化。

二、《弟子规》在印尼八华学校幼儿园的传播过程

八华学校是一所包含幼儿园、小学、初中、高中的全日制学校，由于每个年级的课程设置不同，中文在每个阶段所占的比重也有所不同，随着年级的递增，学生所修科目越多，中文课程的比重就越少。在幼儿园阶段，学生学习中文课程是总课程的70%（英文占20%，印尼文占10%），所以幼儿园阶段的学生每天的大部分时间是学习中文以及以中文教授的中华文化，而《弟子规》在八华学校幼儿园的传播过程主要有以下三个途径。

首先，是《弟子规》在幼儿课程中的设立。幼儿园的中文课程主要有弟子规、语言、书写、数学、故事、演与说等，每个星期有一个小时

的《弟子规》课程，每节课学习八个短句左右，主要以解释句意，教授最简单的做人做事道理为主。由于中国教师与印尼小孩之间存在较大的语言障碍，在教授过程中，教师会以多种方式，如字面介绍、讲故事、情景表演、手语动作等向幼儿解释短短的三字句所承载的深刻道理，并让他们明白在生活中应当怎样以孝悌对待父母兄弟、以谨信对待自身和他人、对待天地万物以仁爱。除了在课堂中学习和领会《弟子规》的深刻内涵，学校还设立《弟子规》天天诵时间，将《弟子规》全文编成儿歌每天播放，鼓励幼儿积极认读、背诵《弟子规》，并以班级为单位举行一年一度的《弟子规》背诵比赛，这对《弟子规》以及它所包含的优秀儒家精神的海外传播颇有益处。

其次，是道德部为全体在校教职员工做定期的《弟子规》培训。参加培训的不只是中国老师，还包括大部分的印尼本地老师和来自其他国家的英语老师，在校内俨然形成了学习中华文化之风。《弟子规》培训旨在加强老师对中华儒家文化的深度了解与践行，以优秀的儒家精神培养老师们敬业爱业的自我觉悟，以营造和谐互助、友爱团结的工作环境。《弟子规》培训围绕儒家的核心理念孝、悌、礼、义、廉、耻、信、忠、仁、智的不同主题，采取不同的培训方式，并进行现场三语翻译解说，帮助海外老师理解每个主题的核心思想。《弟子规》培训除了由道德部组织主讲（道德部老师或者慈济学校相关专家）外，还会邀请各国老师分享自己对某一儒家文化主题的理解与践行。由来自不同国家的老师亲身分享，往往更能达到培训的效果。

最后，是学校会以《弟子规》核心精神为主题举办各类学生活动。这些学生活动除了上文提及的《弟子规》背诵比赛之外，每年还会举办大大小小的学生活动以弘扬《弟子规》儒家精神和传统中华文化。比较具有代表性的有烹饪活动、教师节活动、敬老院活动、倒爱心罐活动、亲子运动会等。中文老师负责的烹饪活动一般选在中秋节前后，一方面利用此类烹饪活动锻炼学生的动手操作能力、培养互助精神，让他们明白食物来之不易，真正践行"对饮食，勿拣择，食适可，勿过则"，另一方面也介绍中国的传统节日，让学生了解中华传统文化中的大家庭文化和团圆文化，以及《弟子规》中"圣人训，首孝悌"的"百善孝为先"文化；教师节活动的展开一般伴随种植和收成活动一起进行，活动当天，学生采摘自己在学校种的植物，并用手绘卡片、旧报纸等回收材料进行简单装饰，最后怀揣自己对老师的感激之情送给全校教职员工，通过教师节送出植物，学生会在亲身体验中感悟"出则悌"一章"长者先，幼者后"的深刻含义；敬老院活动和倒爱心罐活动更是注重教育学生"仁爱"的思想品质，活动中，老师会通过讲述故事、观看视频、家庭学校联动等方式让学生知道在大家生活的象牙塔之外还有许多需要帮助的人，培养学生"凡是人、皆需爱"的"泛爱众"情怀。

对于学习《弟子规》，学校的愿景是将它的深刻内涵在每一天都得到践行，因此，除了以上三种传播途径，学校同样注重全体师生在每一天中的细节和表现，注重学生的礼仪、道德素质，将这些细节贯穿在不同的课程当中，从学生进校到离校，从微笑问好、双手接物、轻声说话到互相帮助、弯腰行礼、收拾物品等各个小细节，都无时无刻不关注学生的品德发展，督促他们践行优秀的中华传统美德。

三、以《弟子规》为主的儒家文化在印尼成功传播的多方面因素探索

以《弟子规》为主的中华优秀传统文化得以在印尼八华学校成功传播，其原因是多方面的，本文试从历史和现实原因两个方面进行探索。

从历史维度看，早在汉代时期已有华人走出国门，南渡到东南亚地区定居，又经过明朝的郑和下西洋过程，华人已经开始将中华文字文化带入东南亚国家。尤其是近代以来，由于躲避侵略与战争，大量华人离开故土，其中以沿海地区的广东人、福建人居多，他们大都来到东南亚地区谋生。随着华人在印度尼西亚的数量越来越多，中华文化也开始了它在印度尼西亚的传播历程。值得一提的是方言客家话的文化传播作用不可小觑，

由于印尼的海外华人以广东、福建的客家人居多，因而他们的语言（客家话或闽南语）多年来已经在印度尼西亚生根发芽，成为印尼语的一种方言被传承下来，并被印尼语所接受和吸纳，部分词汇和发音还被借入印尼语中，成为印尼的官方语言，这使客家话和印尼语之间有了很大的融合部分，由于语言上的便利，中华文化广泛而成功地在印度尼西亚传播并形成趋势。

从现实维度看，中华优秀传统文化成功被印度尼西亚接受并传播主要有三个方面的原因：一是随着我国综合国力和文化软实力的提升，全球已出现了"汉语热"和"汉文化热"，中华文化在印度尼西亚传播是必然趋势。中印两国的外交关系变化，直接影响着两国的文化交流，从二战后的万隆会议召开以来，中印保持了数十年的友好关系，这对中华文化在印度尼西亚的传播有很大的帮助。但随后两国外交曲折发展，以1965年的"9·30"事件为导火索，印度尼西亚国内的党派斗争和恶劣的排华行动使得两国关系迅速恶化，"9·30"事件后中国国内开展了长达十年的"文化大革命"，基于"所谓红色革命蔓延到东南亚的假想"，印尼加剧对中国的恐惧和对华人的排斥，终于在1967年10月31日单方面中断两国外交关系。这使得印度尼西亚国内完全禁说汉语，中华文化就此中断在印尼传播，直到20世纪80年代，两国关系才逐渐缓和并走向正常化，这对中华文化在印度尼西亚的继续传播无疑是吹来一阵春风。两国关系解冻后，当地又重新掀起了一股"华文热"。八华学校的复校就是在这样的大背景下，由在印尼华人后代积极组织再办起来的。

二是以《弟子规》为核心的儒家精神对现代印度尼西亚社会的适用使得整个国家和人民开始重视儒家文化。《弟子规》所宣扬的孝、悌、礼、义、廉、耻、信、忠、仁、智，对当代社会发展和和谐稳定仍然有着巨大的积极作用。《弟子规》不仅仅是一本蒙学读物，不管是幼儿还是成人，都有必要深度探索其中的精华，践行其中的深层含义，教育孩子以身作则、言传身教，营造一个真正"天下大同"的和谐社会环境。正是由于印度尼西亚的政府和民众对美好社会的渴望，才促使以《弟子规》为核心的传统儒家文化在印尼得以广泛传播。

三是中国文化志愿者和海外教育人士的共同努力促使传统儒家文化教育活动迅速开展起来。现在，印度尼西亚有很多大大小小的民办中文学校，它们大都由在印尼华人创办，并从中国聘请专职汉语老师以教授汉语和汉文化，八华学校就是其中一所，学校华文部常年从中国招聘汉语志愿者，希望将更多更优秀的传统儒家文化带到印度尼西亚，并希望印尼的孩子从小能够培养儒家所倡导的"仁爱""孝悌""谨信""学文"等美好品质。来自中国的志愿者们也兢兢业业，在海外肩负起传播中华文化的重任，甘当文化使者，尽最大的力量将我国几千年来博大精深的文化精髓带到这个南洋之国。

四、《弟子规》海外教学过程中所面临的阻隔

以《弟子规》为核心的儒家文化在海外尤其是印度尼西亚的传播过程并不是一帆风顺的，除了上述所提到的情况外，即使在中印关系出现前所未有紧密的当下，中华优秀传统文化在印度尼西亚的传播，仍然面临着不可避免的阻力，主要体现在地域差异和时代差异的阻隔。

第一，作为两个相隔甚远的国家本身存在的文化差异而致的阻隔。中国是处于亚热带边缘的内陆兼沿海国家，四季交替分明，劳作有节可循，幅员辽阔，文化多样，中华文化形成于以黄河流域和长江流域辐散开来的内陆文化，既包括农耕文化，也有着游牧文化和商业文化，多种文化的碰撞成就了华夏民族务实、勇敢、坚韧的优秀品格。作为一个礼仪之邦的泱泱大国，我们对多种文化及其差异十分包容和理解。然而，印度尼西亚是被赤道横穿的热带海岛国家，没有四季交替，全年可以播种收成，这样的劳作方式在一定程度上形成了印尼人悠闲的慢节奏生活劳动方式。另一方面，由于是临海而居的岛国，长期出海谋生的渔民生活也形成了他们的商业文化，出海的风险使他们不得不寄希望于"神"和"上帝"的庇护，这也形成了他们自古以来迷信的心理，即使在现代社会，无论何种工作环境

下，祈祷仍然是他们每天必须完成的工作。这样巨大的地域差异，难免造成中华文化与印尼本土文化之间的相互碰撞与摩擦。举一个很小的例子，在教授"冬则温，夏则凊"这一短句时，中国老师会专门花时间向幼儿解释"冬""夏"的差异和"四季"的概念，而且很多学生在看到雪景时的第一反应是"圣诞节"而不是"冬季"的概念。类似情况还有很多，一定程度上减缓甚至阻碍了中华文化在印尼的接受与传播。

第二，时代差异而致的阻隔。许多经典中所提倡的思想很难再适用于当今社会，也难以解决当下的社会问题和矛盾。《弟子规》是中国清代时期的作品，距今已有三百多年，而它的主要思想渊源则来自春秋战国时期的《论语》中《学而篇》，已有几千年的文化积淀，与当下的社会发展有着较大的脱节，《入则孝》一章中有"亲有疾，药先尝"一句，对于当代社会的印尼学生来讲是较难理解的。在中国古代社会，生病所服用的药都是用草药煎制的汤药，这句训言的本意是作为子女应该替双亲试一试汤药的温度或者毒性，而现代社会尤其是印度尼西亚这样的异域国家根本没有中药，他们所理解的药就是西药，所以印尼学生常常会疑惑为什么一个没有生病的人要吃掉父母的药。再如《出则悌》一章中"对尊长，勿见能"，它的本意是教导后辈在长辈面前应该保持谦卑的态度，这也使得印尼学生难以理解，他们所习惯的是师生平等的亦师亦友模式，在开化平等的师生关系下，他们不明白为什么不能把自己的才能和优点表现给老师看。诸类情况也成为中华文化海外传播的阻力。

五、探索儒家文化海外深度传播的策略

将中华传统优秀文化带到全世界，仍需要国家文化部门和社会的共同努力，集思广益，探索中华文化海外传播的新途径。

就文化本身而言，它是中华民族几千年来的历史积淀，是古人的圣训，然而随着社会的进步，有的内容已经过时，不能被现代社会所理解接受。我们应该努力寻求传统文化的创新发展，给古老的儒家文化注入新鲜

活力，必要的时候可以结合世界各国的本土文化，寻找不同文化之间的契合点，实现文化融合，打造适合不同国家和民族的中华传统文化。另外，还可以从中国传统节日出发，比如颇受西方人欢迎的春节和中秋节，打造精品节日文化，通过全球过中国节日的方式将文化传递出去。

就传播平台而言，要努力创新传播方式，实现传播平台多样化。在教育传播的方式上，全方位选拔人才，不仅要注重汉语教育志愿者自身的汉文化修养，同时也要提高他们作为文化传播者的主体性意识，增强文化自信。除此之外，要积极探索打造其他非教育文化传播平台，如开发适合海外用户使用的汉语言文化软件，促进中华传统文化的海外大众传播。

六、结语

随着国家综合国力的提升和中印尼两国现在的友好关系，以《弟子规》为主的中华传统儒家文化在印度尼西亚传播已然成为大势所趋，两国各界人士都为此做出了巨大努力并取得了成功，但中华文化要走向世界并被世界各民族所接受，仍然任重道远，不论是对中华优秀传统文化本身的创新发展，还是寻求多样的文化传播平台，都需要各方面（如文化部门、教育部门、社会人士等）的共同努力。

参考文献

[1]耿虎，方明.文化载体的互动转换关系：谈中华文化东南亚传播链[J].海外华文教育，2004（01）：1-10.

[2]陈元中，陈兵.中国与印度尼西亚政治关系的历史发展[J].广西民族学院学报（哲学社会科学版），2006（02）：89-95.

[3]王东."一带一路"视角下中国特色文化的海外传播研究[J].教育现代化，2018（22）：102.

[4]吴霁霁."孔子文化走向世界"问题研究[D].曲阜：曲阜师范大学，2014.

[5]林金枝.近代华侨在东南亚传播中华文化的作用[J].南洋问题研究，1990（2）：1-3.

[6]许德金.中国文化软实力海外传播研究：现状、问题与对策[J].外语教学与研究，2018（2）：281-191.